ErTong XinLi ZiXun RuMen

儿童心理咨询入门

崔丽霞 ◎ 编著

北京师范大学出版集团
BEIJING NORMAL UNIVERSITY PUBLISHING GROUP
北京师范大学出版社

图书在版编目(CIP)数据

儿童心理咨询入门/崔丽霞编著.—北京:北京师范
大学出版社,2012.7 (2018.9重印)
ISBN 978-7-303-14808-0

I.①儿… Ⅱ.①崔… Ⅲ.①儿童－心理咨询
Ⅳ.①B844.1

中国版本图书馆 CIP 数据核字(2012)第 129485 号

营 销 中 心 电 话　010-58802181 58805532
北师大出版社高等教育分社网　http://gaojiao.bnup.com.cn
电 子 信 箱　beishida168@126.com

出版发行:北京师范大学出版社 www.bnup.com
　　　　　北京新街口外大街 19 号
　　　　　邮政编码:100875
印　　刷:北京京师印务有限公司
经　　销:全国新华书店
开　　本:148 mm×210 mm
印　　张:7.625
字　　数:180 千字
版　　次:2012 年 7 月第 1 版
印　　次:2018 年 9 月第 2 次印刷
定　　价:28.00 元

策划编辑:陈红艳　　　　责任编辑:陈红艳
美术编辑:毛　佳　　　　装帧设计:北京翰艺堂
责任校对:李　菡　　　　责任印制:马　洁

序　言

随着社会的发展和家庭结构的变化，人们逐渐意识到儿童心理健康的重要性。儿童时期的许多心理问题如果得不到及时解决，其影响将会伴随终身。但是儿童心理咨询在我国还处于刚刚起步的状态，急需该领域专门人才的培养。

从事儿童心理咨询首先要了解儿童心理咨询的特点、目标以及如何与儿童建立关系；其次，要了解基本的心理咨询理论和儿童心理咨询的过程；再次，专业的儿童心理咨询师还需要掌握与儿童面谈的基本咨询技术以及各种游戏治疗的方法；最后还要了解如何将个体咨询和家庭咨询有机地整合起来，以促进儿童心理咨询疗效最大化。

儿童心理咨询既是一项专业性极强的工作，也是全体教师的职责。每位老师都应该学习一点心理咨询的知识，将其融合渗透到日常的游戏和教学活动中，促进儿童心灵的健康成长。本书既可以满足专业儿童心理咨询师培养的需要，也可以作为儿童心理咨询的普及教材。本书的特点是针对性和实用性，针对儿童心理咨询而写；每部分内容都有详细生动的案例分析。相信通过本书的学习将为您从事儿童心理咨询奠定一个坚实的基础。

由于作者水平有限，不妥之处请广大读者不吝赐教。

崔丽霞

2012 年 5 月 4 日于首都师范大学心理系

目　　录

第一章 儿童心理咨询导论

【本章学习提示】

儿童心理咨询的基本概念、目标、儿童与心理咨询师的关系以及儿童心理咨询师应该具备的基本素质是儿童心理咨询中的重要问题，关系到儿童心理咨询师如何正确对待儿童心理咨询。认识儿童心理咨询与成人心理咨询的本质不同，将极大地影响儿童心理咨询的科学性和有效性，同时也将促进儿童心理咨询师主动培养与儿童建立关系的能力和素质，走进儿童的心理世界，有效地促进儿童的成长。

【本章学习目标】

通过本章的学习，将实现以下学习目标：

- 儿童心理咨询的基本观点
- 儿童心理咨询的目标
- 儿童与心理咨询师的关系
- 儿童心理咨询师的特质

第一节 儿童心理咨询的基本理念

一、儿童心理咨询的定义

（一）儿童心理咨询的历史背景

成人心理咨询工作的先锋杰·伊塔德（Jean Itard）在 1797 年就开始对智力发育迟滞的儿童进行系统的有组织的治疗。随后，19 世纪中期，艾德武德（Edward Seguin）继续对智力落后的儿童进行治疗，他还对儿童智力落后的病因、性质及治疗方法进行了研究，并为智力落后的儿童建立了寄宿学校，其目的是通过对儿童进行一定的训练，帮助他们增强适应社会的能力。1894 年，魏特墨（Lighter Witmer）在宾夕法尼亚大学成立了心理诊所，对有心理问题的儿童用心理教育的方法加以指导。1912 年个体心理学家阿德勒（Alfred Adler）在创立个体心理协会的同时，开始在欧洲开展儿童心理辅导工作，先后创立了三十余所儿童心理咨询中心。1928 年华生出版了《对婴幼儿的心理照顾》一书，强调父母的抚养技术，认为儿童恐惧、突然发怒、社会功能失调等均是不恰当奖惩的产物，只有改变环境，才能改变儿童的行为和人格，使儿童形成新习惯，并且把这一理论直接运用到对儿童行为失调的治疗中。与此同时，克莱因（Melanie Klein）和安娜·弗洛伊德（Anna Freud）将心理分析疗法用于儿童，她们以游戏替代自由联想，通过儿童的绘画和梦来了解儿童的问题，挖掘其无意识的内容，这次革新使精神分析游戏变得非常普遍，并对后来儿童心理治疗的发展产生了重要影响。人本学派大师卡尔·罗杰斯（Carl Rogers）在从事咨询工作之始，也是以儿童为主要对象。这些大师在心理咨询领域的深远影响，很多是根源于儿童心理咨询的临床实践和经验。

（二）儿童心理咨询的定义

儿童心理咨询是指心理咨询师在儿童身心发展的基础上，采用心理咨询的原理与方法，对儿童本人及家庭或与所处环境相关的人，实施个别谈话、小团体咨询或家庭咨询等活动，以促使有关人员提供良好的环境与照顾，让儿童建立积极正向的自我概念和人际态度，使其身心得到正常发展，潜能得以充分发挥的历程。儿童心理咨询的主要内容有：

• 以心理发展为中心的咨询

心理发展的主要任务：肌肉运动、口语发展、规律的生活习惯、独立自主的精神；心理发展的影响因素；促进发展的最佳教育模式；心理过程发展的完整性。

• 以入园适应为中心的咨询

与同伴相处、情绪的自我调整（分离焦虑的克服）、求知欲的满足、言语表达能力的培养。

• 以心理健康为中心的咨询

幼儿心理健康的标准、问题行为的鉴别、预防与干预、个性缺陷的改善。

• 以心理治疗为中心的咨询

儿童神经症、行为障碍、发育障碍、特种障碍。

二、儿童心理咨询的基本观点

（一）儿童身心成熟程度决定儿童的行为方式

儿童的发展是指在儿童成长过程中身体和心理方面有规律地进行的量变和质变的过程。生理成熟制约着儿童心理发展的年龄特征和个别差异，当某种生理结构和机能达到一定成熟水平时，如果环境给予及时的相应刺激，某种心理品质就会形成和发展。我们有足够的理由肯定儿童的发展是遵循这一内在规律的。任何行为，包括非习得的和习得的，都需要有它自身的生物学基础，其中主要是中枢神经系统的成熟，也包括外周神经、肌肉、骨骼等系统、器官的成熟。没有生理成熟，心理和行为便失去了存在和发展的基础。就如摩天大楼的第一层紧砌在基础之上，但谁也不能说最高层就不需要基础了。正如格赛尔（Arnold Lucius Gesell）所说："从广义而言，发展与生命乃一件事情，包括整个人生历程中一切身心的变化——如身高体重的增加，动作能力的变化，智力的进步，情绪的发展等。"

要了解儿童，必须先对儿童身心发展的阶段属性及成熟程度加以探讨，才能确定儿童哪些发展是正常现象，哪些行为是发展障碍或发展过快所造成的异常现象，从而探讨该如何教养或辅导。

(二) 改变儿童所处环境和改变儿童同样重要

一切生物的生存和发展不能离开环境。人和其他生物不同，人所处的环境是社会环境和经过人改造的自然环境，儿童自出生后就在社会中生活，周围环境对儿童有着很大影响，儿童在与环境发生交互作用中得到发展。从儿童身体方面来看，儿童机体的可塑性很大，容易受外界环境的影响，在良好的生活环境、营养和保育的条件下，可使儿童的身体获得正常生长发育。外界事物对儿童的感受器官进行各种各样的刺激，而引起大脑的活动，而后产生回答外部影响的行动。从生理学的角度来看，儿童掌握知识、形成表象与概念、养成品德习惯等，都是大脑在外界环境作用下所形成的暂时神经联系，没有来自环境的条件刺激物，就不可能有儿童的身心发展。儿童行为和心理发展的特征和品质是在与人们交往以及周围环境的相互作用中发展和形成的，环境对儿童的发展起着重要的作用。儿童自出生后，社会化的过程实际上是从零开始的，周围的一切对他来说都是新奇、有吸引力的。家庭及周围环境要密切结合儿童的生活和活动，经常地、广泛地去影响儿童，使他们最初获得的印象深刻，儿童就会从环境中受到自发的教育，而且儿童年龄越小，这种自发受教育的比重和作用就越大。

由于儿童的认知未臻成熟，行为缺乏自制力，在环境中处于受制的状态，缺乏改变环境的能力。因此，儿童心理咨询师对于儿童的不适应行为，应先了解其环境背景的因素，排除不良的环境影响，安排妥善的环境，经常可以直接消除儿童的不良行为。换言之，儿童个案的心理咨询，改变儿童所处的环境和改变儿童本人同等重要。

（三）家庭气氛及父母管教的方式决定儿童的生活形态

家庭生活的情绪气氛和教养方式决定了人类的儿女是否将从一个个体的婴儿发展到一个社会化的成人。因此，适当的家庭教养方式和健康的家庭氛围为儿童社会性发展奠定了基础，也对儿童心理健康的发展和稳定产生重要的影响。

家庭是儿童在人生旅途上的第一站，对人一生的成长具有十分重要的作用。在家庭中，儿童遭遇到最初的经验，这将决定他是具有安全感、被爱等情感，还是具有焦虑、憎恨等情感。不同类型家庭的感情气氛对儿童心理发展影响极大，儿童的态度感受、思想和一般行为可能反映出家庭中占优势的感情气氛。如果儿童处在和谐、欢乐、紧张而有秩序的家庭中，父母双方彼此相爱，热爱孩子，关心孩子的兴趣、能力和志趣，愿意设法帮助孩子，儿童就能够从中获得安全感，并且适应生活中的各种要求和解决遇到的其他问题。如果儿童处在紧张弥漫的家庭情境中，父母不和睦、家庭经济管理混乱、家庭成员有不健康的爱好、经济或社会地位有实际的丧失或有丧失的危险等，家庭以惩罚、混乱、过分严厉为特征，儿童则容易情绪紧张，为父母关系失调而慌乱、憎恨；为忠实父亲还是母亲而烦恼和疑惑，这将对儿童的心理健康产生负面影响，儿童发生问题的可能性就会提高。

家庭作为儿童社会化的最早和基本的执行者，对儿童社会性发展有着重要的影响，父母教养方式是其中最主要的因素之一，这也是近30年来父母教养方式一直受到发展心理学重点研究的主要原因。一般而言，儿童的消极行为与父母教养方式的消极倾向具有密切的内在关系，而研究结果表明父母教养方式直接影响到儿童心理发展。例如，民主型的家长尊重和理解孩子，并能以平等的身份与孩子交流。他们为孩子的发展提供了最大的自由，当然也为孩子的发展提出建议，理性地指导孩子成长，儿童在这样的家庭中易于形成健全的个性、健康的心理；儿童的求知欲高、好奇心强并极具创造性。而专制型家长教育孩子时只从父母的主观意志出发，强迫子女接受自己的看法与认识。这种教养方式使子女容易发展为顺从、缺乏自信、孤独、压抑的性格，心理易自卑；或是走向另一极端，强烈反抗、冷酷、残暴。这样教养出来的孩子学习被动，成绩很差。

（四）儿童的自我概念和人际态度影响未来的发展

儿童心理咨询不能只以改变行为为目标。儿童不再出现不良行为，或是获得较佳的学业成就，并不代表这名儿童未来一定可以有正向的发展。真正会深远影响儿童未来发展的因素有两个：一是儿童对他自己的看法，即儿童的自我概念。自我概念对人一生的发展起着至关重要的作用。它作为一个重要的参照点决定着儿童的想法和行为方式。如果儿童觉得自己是个有能力、善良、受到关爱的人，他便会表现正向的行为，并且遵从更符合社会赞许的正向行为发展模式，如对新活动显示出极高的热情；易与其他幼儿成为朋友；在活动中能合作，善于控制自己的行为，对行为后果有一定程度的预料性；富于创造性、想象力、独立性；反之，若是具有不良自我概念的儿童则认为自己很差劲、不善良、不受关爱，他可能变得自暴自弃，表现令人痛心的行为或者负向的行为特征。幼儿期（1～3岁）是自我概念发展的特殊时期，这时儿童的自我概念易被塑造。3岁的儿童完全以周围人的评价作为对自己的评价，自我概念的依从性很强，是父母和老师评价的直接表现。因此，我们应从儿童出生之后便开始采取恰当的方式帮助孩子形成良好的自我概念。

儿童的人际态度是影响儿童未来发展的另一个重要因素。儿童待人以及与人合作时，能否找到归属感，并且与周围的大人们和同伴之间建立良好而和谐的人际关系，是否能够很好地参与到建立这种人际关系中来，也就如阿德勒所说的是否具有社会兴趣，是他未来能够发展良好的人际关系及融入正常和谐的社会生活的基础。建立儿童良好的自我观念与人际态度可以说是儿童辅导的基本目标。

第二节　儿童咨询的目标

在成为一名儿童咨询师之前，我们必须要理解清楚儿童咨询的本质和目的是什么，这一点非常重要。我们要明确咨询目标，同样也要知道达到这一目标所运用的理念和方法。儿童咨询目标需要从以下四个水平上进行设定：

一、基本目标

这些目标适用于咨询中的所有儿童。包括：

1. 帮助儿童处理那些令自己感到痛苦的、与情绪相关的问题。

2. 帮助儿童使其想法、情绪和行为达到某种程度的协调一致。

3. 帮助儿童使其感到他们自己的状态很好。

4. 帮助儿童使其接纳自己的不足和优势。

5. 帮助儿童改变那些可能产生消极结果的行为。

6. 帮助儿童使其很好地适应外部环境（例如：在家里和在学校里）。

7. 帮助儿童使其获得充分发展的机会。

二、父母设定的目标

当父母把孩子们带来咨询时，这些目标由他们来设定，与父母的日常生活相关，并且通常以儿童当前的行为问题作为参考。例如，如果儿童的问题行为是不停地吹手指，那么家长来此的目的很可能主要是如何消除这种问题行为。

三、咨询师设定的目标

这些目标是咨询师在思考为什么这个孩子会以一种特殊的方式行动之后作为假设的结果而形成的。以这名把粪便涂在墙壁上的儿童为例，咨询师可能会假设这种涂抹行为是儿童情绪问题的表现。因此，咨询师就会设定有关处理儿童情绪问题的目标。

显然，在对儿童行为问题产生的原因形成假设的时候，咨询师需要同时从他们的个案经验，有关儿童心理和行为的理论观点，以及目前的相关研究等方面搜集相关信息。

四、儿童的目标

这些目标将会在治疗会谈中产生，并且是儿童自己想要达到的目标，虽然孩子们在一般情况下不会把这些内容表达出来。这些目标的设定一般建立在孩子们带给会谈信息资源多少的基础上。有时候这些目标与咨询师的目标是相符的，而有些时候则是不符的。例如，一位咨询师在会谈之前已经设定了第三水平的目标：这名儿童需要被赋予自我实现的力量。但是在会谈当中该名儿童想要谈一项痛苦的经历，并没有做好进行自我实现的准备。在这种情况下，咨询师就需要设定第四水平目标，允许儿童讲述令自己感到痛苦的经历。

如果一名咨询师为一次会谈制定了一项具体的谈话安排，很多时候这份表格是非常合适的并且会有效果。尽管如此，在一般情况下，如果提前很快地制订了会谈计划，这也是很危险的，因为这个时候儿童自己的需要就被忽略了，而不是被处理了。为了能够让儿童把自己真正的需要表达出来，并且得到心理上的治疗，治疗师需要跟着会谈中的儿童一起走。否则制订会谈内容的结果将只是满足咨询师自己的需要，而不是满足来寻求帮助的儿童的需要。这显然是我们不能接受的，所以一般来说我们会先制订第四水平的目标。

    下面这个例子能够进一步说明当咨询师与孩子们讨论治疗内容或者目标时，这一点是非常重要的。如果咨询师正在和一名来自暴力家庭的儿童进行会谈，确定会谈的一个重要目标（咨询师目标）是要能够帮助该名儿童找到保证自我安全的方法。这一目标是非常重要的，并且会在很长一段时间内成为会谈的核心目标。尽管如此，这名儿童很有可能对她母亲的人身安全问题更感兴趣（儿童目标），如果后一问题比治疗儿童本人更重要，可以拿来先进行会谈，否则很可能会削弱治疗的成效。

    一般情况下，无论是一次具体会谈或者一系列会谈的结构安排都需要预先根据儿童的第四水平目标来设定。当咨询师遵循这一原则执行时，基本目标就会自然而然达到了。无论何时，只要有需要，咨询师就要和儿童本人、他的父母或者家庭讨论制定治疗目标这一步骤。

    在制定目标的时候，咨询师要提醒自己儿童本人才是我们的来访者，而他们的父母只是付钱给我们的那个人。虽然这可能使咨询师陷入两难境地，但是你会发现通过把儿童目标作为第一目标，在会谈进行的过程当中，父母的目标也同样达成了。

    每个儿童的经历都是独一无二的，所以在制定咨询师目标的时候咨询师要特别小心，因为关于儿童在会谈中需要什么的假设有时候很可能是错误的。在整个治疗过程中咨询师需要时刻重新审视自己的目标，并且以开放的心态来进行必要的修正，要想提升发现儿童真正需要的能力，还需要咨询师自己多实践和体验。

如果会谈进行得很顺利，那么儿童的内心需要会很自然地表现出来。如果这些目标通过治疗师得到重新认识，而不是被治疗师或者父母亲的需要目标所隐藏起来，那么可以通过和父母商量把儿童的治疗目标整合进治疗过程中来。因此，第四水平的儿童目标无论在何种情况下都应该被预先考虑。

第三节　儿童与心理咨询师的关系

自从 20 世纪 50 年代以来，人们已经达成了一个共识，就是认为咨访关系是决定咨询效果的关键因素，良好的儿童咨访关系有以下几个特点：

一、儿童咨访关系是一种儿童世界和咨询师之间的联结

这一关系的重点在于要和儿童建立一种联结，并且要时刻与儿童的感受保持一致。儿童看待这个世界的方式和其父母如何看待这个世界的方式是极为不同的。咨询师的工作就是要和孩子们一起以儿童的模式来工作，用一颗童心去体会一个儿童的内心变化。这就需要咨询师不带有任何的评判或者偏见，否则就意味着邀请儿童远离他们自己的感受而跟着咨询师的感觉走。对于儿童来说，与自己的价值观、信仰和态度保持一致是非常重要

的，不要让这些东西受到咨询师个人价值观、信仰和态度的影响。

儿童与咨询师之间的关系为儿童世界和咨询师之间架起了一座桥梁，这样咨询师就可以清楚地看到儿童的内心体验。这种观察不可避免地会部分受到咨询师本人经历的歪曲，而某些在儿童身上产生的投射也是不可避免的。尽管如此，咨询师要努力使这种负性影响最小化，以便与儿童世界之间的联结尽可能地完整。

二、儿童与咨询师的关系应该是排他性的

咨询师要与儿童建立并且维持一种很好的和谐关系，以便信任感能够建立起来。对于儿童来说，这种关系具有强烈的排他性，这样儿童就会感觉到其与咨询师之间的关系是独一无二的，不能够被任何其不愿受到的干扰所切断，比如父母或者亲戚。

儿童对待事物会有自己的个人感受，这与其父母的感受是极为不同的。如果咨询师希望建立有效的咨询关系，就需要儿童感受到他们是被接纳的。一旦孩子们感到咨询师看待他们的观点受到了其父母或者其他重要他人的影响，那么这将对关系的建立起到负性的作用。因此，咨询关系是需要具有排他性的。

维护咨询关系的排他性意味着不允许其他人打扰，或者是没有儿童允许任何人等不得进入。咨询师需要特别注意在会谈之前针对儿童和其家长所做的准备工作，因为这涉及伦理问题。一直以来家长们都是照顾和控制着

孩子们，而在治疗过程中咨询师要和儿童建立一种排他性的关系，你觉得家长们会产生什么样的感觉呢？

在家长们使用公共健康服务或者长期使用非政府性机构服务的情况下，这种情况很可能更加恶化。即使开业咨询师努力去建立一种以个人消费为目的的服务，有些家长仍会受到严重的打击，感到他们丧失了教育孩子的资格。这些家长很可能因为他们没有完全加入到咨询过程中而变得很焦虑。

这一伦理问题只有当咨询师向家长们讲清楚治疗关系的本质并且获得了他们的接纳之后才能得到解决。治疗对于家长和儿童来说都是一种新的体验，一旦家长完全明白了治疗关系对产生治疗效果具有多么重要的意义的时候，他们很可能就会一下子感到舒服很多，并且对治疗过程变得很有信心。

有一点必须要提醒家长的是，有时候孩子们不希望向他们报告会谈治疗的相关信息，明确这一点对咨询是非常有帮助的。家长们可能会感到焦虑，并且认为他们的权利受到了限制，这一点是可以理解的。所以咨询师要让家长们放心，让他们相信自己迟早会知道这些很重要的信息的。家长们也需要知道儿童经常很难与其一起分享非常重要的、私密性的信息这一事实，只有当孩子们对分享过程感到安全的情况下才会把信息告诉自己的父母。

有的时候，特别是在治疗过程中的关键点上，孩子们会发展出令家长们感到难以处理的行为来，这要比处理在最初治疗时就展现出来的行为更困难。咨询师需要提醒各位家长的是，在治疗开始后，每克服一项治疗障碍之后会出现一段改善期，并且要告诉家长们一些信息，这与咨访关系的排他性这一特点并不相违背，但是，如果在未经儿童允许的情况下就把治疗中的具体细节告诉家长是不对的。

随着儿童对治疗师自我表露的增加，治疗师对儿童的理解也更加深入，而儿童所体验到的信任感也会变得更加强烈。如果儿童确认他们对家长、周围事物的恐惧、焦虑和消极想法不会被告知他们的家庭成员，这种信任感就会得到强化。我们相信儿童有拥有秘密的权利，但是我们也明白有时候对于家长来说接受这一点是非常困难的。

显然，要想得到来自家长的支持和鼓励，以便于让孩子们能够感到他们是可以自由地与治疗师交流的，这一要求是比较高的。研究发现，如果咨询师能够坦白地告知家长们咨访关系的本质，大多数家长是能够支持咨询师的工作的。

在儿童面前，咨询师也要尝试和家长们建立一种信任关系。因为随着与儿童咨访关系的发展，他们会对家长到底是否接受这种关系非常在意，并且他们来此参加咨询也需要得到家长们的同意与支持。

三、治疗关系应该是安全的

咨询师一定要营造出一种宽松的环境，在这里，孩子们能够自由地行动，并且能够自由地掌控自己的情感表达。在这里，孩子们能够很自信地进行自我表露，而不用考虑这样做是否会带来不好的反应或者结果。若要保证儿童在治疗中有安全感，访谈结构化是非常必要的。结构化能够带给儿童一种安全感和预期。它也能很好地提示治疗师告诉儿童，不断地重复无目的性的活动会浪费结构化的咨询时间。访谈结构化包括设定行为界限和给予来访者有关每次会谈长度的信息。而且，儿童也需要为每次会谈的结束作准备。

对于设定行为界限，我们认为这种限制是为了更好地保护儿童、咨询师和公物三者之间的关系不受到伤害。我们认为有以下三条基本规则需要儿童加以遵守：

（1）我们不允许儿童对自己进行伤害。

（2）我们不允许儿童伤害咨询师。

（3）我们不允许儿童伤害公物。

然后咨询师要明确告知儿童，如果打破这些规则将会有哪些后果。如果规则被破坏，那么咨询师就要结束会谈，但是不能带有责备意味。同时，还要告诉孩子们当下次再来的时候他们是被欢迎的，这就需要双方再约定一个新的时间。

通过使用这些规则，咨询师可以避免去控制儿童，避免自己在会谈中扮演父母的角色。当孩子们同意需要对自己有一些约束的时候，这种独一无二的治疗关系也就建立起来了。

虽然设定了一些外部控制因素，但是这并不意味着咨询师期望所有的会谈都可以让儿童自由行为，不断地对行为进行检验是儿童治疗过程中很必要的一个部分。

当选择治疗工具时，咨询师必须考虑到安全性需要。那些很容易被儿童破坏的仪器或者玩具对于很多孩子来说很可能是一种焦虑来源，因为大多数儿童都不想对这种不小心就会毁坏的公物负责任。

四、咨询关系应该是真诚的

值得信任的咨询关系应该是一种真正的、诚实的关系，有两个真实的人在这里进行交流互动。咨询关系这一整体必须在任何情况下都与咨询师和儿童的真实表现保持一致。在治疗关系中，咨询师对儿童的关系越真诚，他的帮助就越大。换句话说，就是咨询师越是他自己，越是不戴专业面具或个人面具，儿童就越有可能发生建设性的改变和成长。

这种关系不是表面化的，也不是要咨询师假扮成另外一个人来咨询。"透明"较符合真诚的含义，治疗师需要对儿童保持"透明"，儿童在关系中对他能够看得真切，能够体会到治疗师是毫无保留的，便会对他产生信任感，这种充满信任感的咨询关系可以允许儿童有机会摘下面对其他人时所戴的面具，能够展露真实的自我。这样就会使咨询关系进入到更深水平的信任和理解中来。而同时，治疗师也起了榜样的作用，引导儿童走向积极成长的方向。

五、咨询师与儿童的关系应该是保密的

当咨询的对象是儿童时，咨询师要努力营造一个让儿童感到足够安全、

能够分享私密想法和情绪感受的环境。为了让儿童感到安全，一定水平的保密性是需要的。这种保密性以及保密的范围，需要在建立咨访关系的早期与儿童进行讨论。

首先，咨询师需要考虑保密性会涉及哪些问题，以便能设置恰当的限制。

不可避免会存在这样的情况，即儿童与咨询师分享了一些信息，咨询师认为这些信息有必要告诉他人：比如，儿童透露有性虐待或身体虐待的情况。但是，轻率地透露这个信息，或者没有考虑透露信息对儿童的影响，可能会导致儿童认为他们被出卖了。显然，这对咨询师而言是一个两难选择。

如果你愿意，就花一些时间考虑一下，你如何满足儿童的保密性需要，同时对儿童将重要信息告知他人的可能性有所准备。

这里讲一下关于保密性问题的做法。就在咨询的开始，咨询师应该告诉儿童，他们与咨询师的谈话内容是保密的，有些信息通常只在儿童允许的前提下告诉父母或他人。但是，咨询师也要告知儿童，有时把他们的信息透露给他人是很重要的。在这种情况下，咨询师要与儿童讨论把信息透露给他人的时间和方式，这样做会使儿童不放弃咨询，但也控制了向他人透露信息的方式。

当咨询师需要把儿童的信息告知父母或其他人时，要提醒儿童：之前我们已经谈到了有些信息是需要告诉他人的，要告诉儿童现在就是这种情况，然后询问儿童，如果把信息告知他人对他们而言感觉如何，然后要探讨透露信息的积极结果和消极结果各有哪些，以使儿童充分意识到会产生什么样的结果。儿童对于向他人透露信息的焦虑，也要加以处理，同时也会对透露信息的时间和条件作一些控制。咨询师可以问儿童如下一些问题：

"你是希望自己告诉父母，还是由我来告诉你的父母呢？"

"当你告诉父母这些事的时候，你希望有我在场，还是由你单独和他们说呢？"

"你是希望我单独告诉你的父母，还是有你在场的情况下告诉他们呢？"

"你是希望今天说这些事情，还是改天再说呢？"

通常，如果儿童能自己告诉父母或他人是最好的，但是关于告知信息的时间和方式，需要对儿童有一定的控制。

对于那些正与法律或政府服务机构联系的家庭中的儿童，为他们咨询，明确这些机构对儿童和家庭的期望是必要的。这些期望有时会防止儿童与家庭的分离，有时还会促进儿童与家庭的重新融合。了解了这些，咨询师就可以告诉儿童这些机构的期望值，因此就可以提醒儿童有时他们的信息是需要告知相关机构的。

咨询师应该采取一定的措施，以使透露相关信息这一事件对儿童的影响最小化，特别是涉及虐待的个案。儿童通常会后悔向咨询师透露这样的信息，因为结果对儿童而言可能是痛苦的。当然，涉及有关敏感信息的透露时，咨询师需要对儿童所处困境具有敏感性。

虽然我们已经探讨了关于透露被虐待儿童信息的保密性问题，但是保密性也涉及儿童对家庭的内心看法的暴露，尤其是对父母的看法。所以我们发现，如果儿童认为透露信息能产生积极的改变时，他们通常会同意向他人透露自己的信息。当然，咨询师应该很小心地与儿童探讨透露信息可能带来的负面影响。

总之，除了必须要向他人暴露信息的情况外，其他情况下咨询师都要与儿童进行充分讨论，最终接受儿童是否要向他人透露信息的决定，但是也要让儿童明白，对于咨询会谈中涉及的任何信息，只要他们自己愿意，都可以随意与父母或任何人分享。

六、咨询师与儿童的关系要循序渐进

为儿童作咨询时，咨询师需要让儿童以一种感到舒服的方式进入咨询。有些咨询师认为，在儿童进入咨询的开始，向儿童提问题并询问他的家庭和背景，是了解儿童和他的生活环境的有用方法。虽然我们同意这种方法是有价值的，但是需要谨慎使用这种方法，否则就会具有侵入性。

由于儿童可能害怕被要求去暴露那些很私密或十分恐惧的、不能分享的信息，所以问太多的问题就存在风险。如果发生这种情况，儿童就会感到被侵犯，会退缩到沉默状态或采取转移注意力的行为。同样的，咨询师利用从父母、看护者或其他机构获得的与儿童有关的信息也是有风险的。当儿童发现在没有征得自己同意的情况下，咨询师已经获得了很多重要的信息时，他们会感觉受到了揭发和威胁，并且变得脆弱，对咨询师获得信息的多少有不确定感。这种行为实际上是对儿童自我边界的一种侵入，儿童可能感到无法再进行咨询了。用这种方式侵入儿童的世界，可能使儿童对后面的咨询产生焦虑，并且在实际的咨访关系中也会感到焦虑。

七、咨询师需以恰当的方式让儿童了解咨询的目的

如果儿童确切地知道他们为何来咨询，那么他们就会更愿意进入咨询室，并且对咨询师更有信任感。他们需要时间为咨询做一些准备，如果事先给儿童适当的提示，并告诉他们来见咨询师的原因，那么他们通常会做这样的准备。由于焦虑，父母有时会在带孩子来见咨询师前的最后一刻才告诉孩子下面要做什么。不幸的是，有些父母不告诉孩子任何信息，直到带着困惑、有不确定感和焦虑的孩子来到咨询师的办公室时，才知道要发生什么。

如果父母把带孩子来见咨询师的原因和他们的关注点给孩子一个十分真实和清晰的解释，那么也是有风险的。有些父母以有益和积极的方式，很谨慎地向孩子解释带他们看咨询师的原因。但是也有一些父母不讲究技巧，会对他们的孩子说这样的话"你要去看医生，他会帮助你解决你的问题"或者"我会带你去见一个女士，她会让你变得举止得体一些"。这两种说法都会为咨询师接下来的工作带来一些障碍。咨询师明确知道孩子已经获得了哪些关于咨询的信息，并对这些信息进行阐明、确认和纠正，这一点是很重要的。咨询师需要在父母和孩子都在场的情况下完成这件事，以免产生误解或与期望值有差异。

如果孩子清楚地明白了来见咨询师的原因，那么咨访关系就具有目的

性了。许多咨询会谈都会包括游戏的部分，因为游戏是使儿童产生变化的有效方法。咨询师的任务是，确保游戏或其他活动以一种有目的的方式产生促进作用，而不是毫无目标的。但是这并不意味着必须要对游戏进行指导：游戏可以是很随意的，完全由儿童实现和控制。重要的是，咨询师要努力使儿童进入到有益于咨询的游戏中来。

非指导性游戏对一些孩子是有治疗作用的，但是，多数情况下允许孩子不限时地不断玩游戏，而没有咨询师进行适当的干预以促进一些有目的的表达，那么这种游戏是没有用处的。我们认为，一个有技巧的咨询师能够利用游戏中出现的机会，以一种有目的的方式进行干预。

第四节　儿童咨询师的基本特质

每个咨询师都会把自己独特的人格带到咨访关系中。咨询师自身的人格特征会给咨访关系带来一定的影响，咨询师可以运用自己的个人力量和人格特质来改善自己的工作。既然如此，若要在儿童咨询中实现一种良好的咨访关系，就需要识别出咨询师应该具有哪些有益的基本特征和行为。我们也会发现，扮演父母、老师、叔叔或阿姨、同伴等角色都不适合我们。实际上，当我们发现自己以上述任何一种角色来面对儿童的时候，就要明白自己该拜见督导老师了。儿童咨询师要具备如下特征：

一、真诚的

儿童需要感到与咨询师的关系是值得信任的，并且感到咨询环境是安全的。要达到这种状态，咨询师在人格上必须是完整的、扎实的、诚恳的、始终如一和稳定的，这样才能使儿童产生信任感。儿童很擅长识别那些言行不一致的人以及那些努力扮演与自己人格角色不一致的人。

二、充满童心的

成年人的世界与儿童世界差别很大。但是，作为成年人，咨询师并不是已完全丧失了童心，童心仍是其人格的一部分。如果咨询师学会了如何接近内心中的儿童部分，那么就可以获得童心。接近自己内心中的儿童部分，并不是让我们变得幼稚或退回到童年，而是让我们能与轻松适应儿童世界的那部分自己有所联结。

我们都记得，当我们和一群来自暴力家庭中的孩子一起玩耍时，一个成年观察者会说很难分辨到底谁是真正的孩子，是我们，还是这群儿童！我们并没有被这种说法所冒犯，因为我们相信这是对这群孩子很有意义的治疗。我们都很享受接触自己内心中儿童自我的这个过程。有时当我们在成人群体中这样做时，我们会被看做是"像孩子一样"。如果我们想让儿童来访者有效地参与到咨询中，那么我们这种触及自己内心中儿童自我的能力是很重要的。否则我们可能和父母、阿姨、叔叔或老师等角色一样，而这些人的世界与儿童世界是完全不同的。

如果咨询师能触及自己内心中的儿童自我并且进入儿童的世界，那么就更可能成功地加入到儿童的活动中来，了解他们的情感和想法，为儿童充分体验自己的情感和想法提供机会。通过帮助儿童体验当前的情感，可以使这些被贮存和压抑的情感日后转为情绪障碍和神经症的可能性最小化。

通常情况下儿童总想避免那些令自己感到不愉快的情绪。就像成年的我们一样，对他们而言，会在那些情感使我们感到恐惧之前就不去接近它们了。因此我们的儿童来访者倾向于把这样的情感压抑下去，不适宜地把它们封存起来。只要负性情感被充分地体验、描述并与人分享，那么这些情感就会减小强度和改变性质，了解到这一点对一些儿童来说是一个巨大的飞跃。同样地，作为咨询师，如果能够触及自己内心中的儿童自我，体会到童年时没能解决问题时的痛苦感觉，那么就更能理解儿童所应对的困难，和他们需要释放自我的内心渴望。如果我们能更加开放，并且更多地触及我们内心的情感，那么和我们一起工作的儿童也会和我们一起进入到一种不同的关系中，他们会更自在地向我们袒露自己。

作为咨询师，会成为前来咨询儿童的榜样，因此，要改变儿童的某些问题行为，咨询师要首先改变自身存在的这些问题，这一点是非常必要的。要做到这一点，就需要有一个有经验的咨询师定期对咨询师自己的个人问题进行个人督导。因为如果没有定期的督导来讨论案例和咨询师的个人问题，这对于从事儿童咨询工作是不负责任的。在为儿童咨询的过程中，咨询师自身的问题被引发，这一点是不可避免的，如果不能很好地处理这些问题，那将会影响我们帮助来访者的能力。

三、包容的和接纳的

从童年开始，我们就都学会了对别人的言语和非言语行为做出反应。当我们处在群体中时，我们会改变自己的行为来适应他人。我们会控制自己的行为，检查我们所说的话，通常只把自己为社会所接纳的部分表现出来。如果我们不遵守这些期望标准，可能就会受到他人的批评、谴责，甚至没人愿意理我们。

如果想要鼓励儿童探索他们内心中那些私密或者隐晦的部分，作为咨询师，就要以一种最包容的态度来行事，这样儿童来访者才会在没有掩饰的情况下展示他们真实的自我。要做到接纳，咨询师不需要表现出赞成或者反对的态度，无论是赞成还是反对都会对儿童的行为产生影响。咨询师要做的就是接纳，以尽可能不加评判的方式，无论儿童说了什么还是做了什么。咨询师甚至要尽可能避免如"那没问题"的表述，因为这样做儿童就会获得我们喜欢什么和不喜欢什么的信息。如果咨询师这样做了，那么儿童的行为就会改变，那么我们就无法看到并了解他的全部了。要做到接纳，我们就不会把自己的期望强加给儿童，儿童的行为变化时，我们不会退缩也不会前进，我们不会被儿童的行为所控制。

自然，儿童需要花一些时间相信"我们会一直那么接纳他们"这件事情。咨询师必须承认，充分的接纳，尤其是对一个正在行动的孩子充分接纳，并不是一件容易的事。要牢记前面提及的三个规则，当违反了这些规则时就要结束治疗会谈，但是仍需要对儿童是否决定以这种方式行事给予不加批判的接纳。在这样的时刻做到不加评判的接纳是必要的，因为儿童正在检验在治疗情境中所提供的安全限制，而且儿童需要知道咨询师是期待他们再回到治疗室来的。

作为一个儿童咨询师，你能否撇开父母的角色而以上述方式来接纳一个儿童吗？我们认为这种接纳是咨询师应具有的重要品质之一。

四、可情感分离的

要达到上面描述的这种接纳，咨询师需要做到能够情感分离。对于那些认为亲近、温暖和友善是更适合的品质的新咨询师而言，通常要做到情感分离是很困难的一件事情。

不幸的是，那些表现过于亲近、温暖和友善的咨询师，在面对儿童来访者时是有问题的。由于儿童不想冒险，由于不被接受的行为方式，而失去这种关系，因此受制于这种关系。而且，如果发生移情，对这类咨询师而言是很难给予适当处理的。

通常，来咨询的儿童都是有痛苦问题的孩子。如果咨询师变得情感过分卷入，那么可能会因为来访儿童的问题而变得很痛苦，而这显然会影响到儿童。然后儿童在看到痛苦的咨询师之后会体验到额外的痛苦，儿童可能认为咨询师被他的问题压倒了，从而可能放弃探讨其他痛苦的问题。儿童发现要应付一个哭泣的咨询师会很难。因为要应对自己的痛苦就已经够他们烦的了。

咨询师不仅要避免表现出痛苦的情绪，而且要努力避免表现出与儿童问题有关的其他强烈的情绪反应。比如，咨询师以言语或非言语的方式对与儿童问题有关的事情给予儿童一个肯定，通常这并没什么用处。这样做会使儿童以取悦咨询师的方式来说话和做事，而不是鼓励他们表现真实的自己。咨询师应该识别儿童的体验，而不是同情和肯定。但是，咨询师要肯定儿童做出的任何一个明智的决定，这一点是恰当的并且是必要的。作为咨询师，需要区分出哪些是应该肯定的事情，以及哪些属于不需肯定但需接纳的事情。

虽然咨询师需要从情感上与儿童进行分离，但是这并不意味着咨询师是无力的、没有生气的和疏远的，相反，儿童需要体验到与咨询师在一起是令人感到舒服的，所以这是一个平衡的问题。咨询师要像一个平静而稳定的推动器一样出现在儿童的面前，只要儿童需要就总是能倾听、理解并且接纳儿童。

以上四点对儿童咨询师而言是很重要的品质。治疗关系是多方面的。咨询师需要在咨询过程的不同阶段以及一次会谈的不同时间段，逐渐适应并且表现出不同的品质。

【本章小结】

儿童心理咨询是指心理咨询师在儿童身心发展的基础上，采用咨询的原理与方法，让儿童建立积极的自我概念和人际态度，使其身心得到正常发展，潜能得以充分发挥的历程。儿童心理咨询的目标分为四个层次：基本目标、父母目标、治疗师目标以及儿童目标。儿童咨访关系是在儿童世界和治疗师之间形成一种联结，是排他性的、安全的、真诚的、保密性的和循序渐进的，也是有目的的，需要咨询师以恰当的方式让儿童了解咨询的目的。儿童咨询师应该具备的基本特质是：真诚的、充满童心的以及包容和接纳的，同时也是情感上可以分离的。

【思考与练习】

1. 儿童心理咨询的基本观点是什么，都大致包括哪些内容？

2. 儿童心理咨询应该优先考虑哪一个目标？为什么？

3. 你认为如何和一位来访儿童建立良好的关系？

4. 咨询师与儿童的关系应该是排他性的，排他性意味着什么？

5. 你认为儿童咨询师的基本特质有哪些？

【阅读链接】

1. 廖风池，王文秀，田秀阑．(1979). 儿童辅导原理. 台湾：心理出版社．

2. 钱铭怡．(1994). 心理咨询与心理治疗. 北京：北京大学出版社．

第二章 儿童心理咨询的基本理论

【本章学习提示】

这一章我们主要阐述儿童心理咨询的四个理论流派，介绍每个流派的产生过程、主要代表人物以及基本理论观点，并就每个流派在儿童心理咨询中的应用加以简要介绍，旨在为学习者构建儿童心理咨询的基本理论框架。

【本章学习目标】

通过本章的学习，将实现以下学习目标：

- 心理动力学派
- 行为学派
- 人本主义和存在主义学派
- 认知行为学派

第一节　心理动力学取向的儿童心理咨询

由弗洛伊德提出的精神分析是最早发展的心理动力学派的心理治疗理论，也是影响深远的心理治疗方法。心理动力学派将解释和分析作为最基本方法，促使患者的行为或思考方式发生内在领悟式的转变。除了弗洛伊德以外，安娜·弗洛伊德、克莱因、温尼考特等人也是心理动力学派儿童心理治疗的代表。

一、早期发展

儿童精神分析始于弗洛伊德（1909）年《对一个5岁男孩恐惧症的精神分析》一书，书中报告了对马有极度恐惧的小汉斯的案例。这个男孩的父亲，在弗洛伊德的指导下，成功地治愈了儿子的恐惧症。尽管弗洛伊德怀疑这种方法的普遍适用性，但是他坚信儿童精神分析的潜在价值。同时该案例也证实了儿童性本能理论和治疗方法的有效性。

哈格海默（1920，1921）被认为是第一个提出使用游戏进行儿童精神分析，与此同时强调分析过程中的教育功能。接受过学前和幼儿园教师培训的安娜·弗洛伊德也强调儿童精神分析的教育属性，尤其是在治疗的开始阶段（1995）。哈格海默和安娜·弗洛伊德（1927）强调指出：与成人精神分析不同，儿童精神分析既要对儿童进行解释和分析，又要使他们愉快，治疗师要鼓励儿童与自己建立安全依恋。

与哈格海默和安娜·弗洛伊德赞成儿童精神分析中的教育观点不同，克莱因（1921）认为应该对儿童采用非教育的观点。克莱因认为应该立即分析儿童表现出的每一个有意义的词语和动作，她也非常重视游戏对儿童治疗的重要作用。但是她的理论多数停留在假设和推论上。

安娜·弗洛伊德和克莱因是早期将精神分析的理论和方法应用于儿童治疗的主要人物，尤其是从 1926 年至 1946 年。尽管她们在理论和治疗立场上有差异，但总体来说，还是大大增加了对儿童和婴幼儿心理复杂性的了解和认识。由于她们在基本立场上的分歧，形成两大对立的儿童精神分析阵营：伦敦学派和维也纳学派。前者强调理论研究，后者强调实证和观察。

温尼考特（1960）综合了安娜·弗洛伊德和克莱因的观点，对精神分析在母婴关系领域有开创性的贡献。他既采用了克莱因的客体关系理论，又采用了安娜·弗洛伊德的发展观和系统观察法，他认为良好的早期看护是培养儿童自信和创造力的最主要因素。

二、主要人物及其理论

（一）弗洛伊德

从 1880 年到 20 世纪 30 年代，半个多世纪的时间建立了他的精神分析理论。儿童心理治疗精神分析学派的许多理论都来自弗洛伊德的无意识作用和自我防御机制，本我、自我和超我的人格结构及心理性欲发展阶段理论。

1. 无意识作用

弗洛伊德从催眠后的暗示现象和许多神经症病人在清醒状态下无法理解症状与从前经历的联系等事实，推断在人的心里有一个不为人所知的领域，这便是无意识。无意识的内容往往包含着大量与人的本能欲望、非道德的冲动相联系的观念或经验，因而受到压制，不被允许自由进入意识。这意味着在意识的入口有一道检查机制，弗洛伊德早期把这种机制称作"检查员"，后期发展出人格的自我、本我和超我结构后，这种检查作用就由超我担任了。

按照弗洛伊德的观点，焦虑可能是有意识或无意识的恐惧记忆引起的，也可能由本我和超我之间冲突引起的无意识作用。比如，本我驱动儿童去满足性冲动，而超我认为这是一个禁忌。如果在无意识水平下发生这种情况，那么儿童可能因为自我无法应对这种情境而变得很痛苦。

无意识无法直接观察，只能从行为来推论。了解无意识的几种途径有：遗忘、口误、笔误、梦、意外，以及神经症的各种症状。无意识虽然不能被人所觉察，却对人的行为有极重要的影响。神经症症状行为的原因，大都要追究到无意识精神活动之中。

2. 自我、本我和超我

本我是天生的、不受控制的、无意识的，遵循"快乐原则"，要求毫无掩饰和约束地寻找感官刺激，以满足最原始、基本的生理需要。超我包含了道德成分：代表良心和道德力量的人格结构部分，遵循"道德原则"，凡不符合超我要求的活动都会引起良心的不安、内疚甚至罪恶感。自我通过与现实外在环境的接触，通过后天的学习由本我发展而来的，它奉行"现实原则"，是本我与超我关系的调节者。

出现任何一种引起儿童焦虑或内心冲突的压力时，都是儿童的本我和超我对立的结果，对当代儿童心理咨询师而言，认识到这一点是很重要的。

本我努力使本能的、原始的需要得到满足，而这会产生不被社会认可的行为。相反，超我会对这些行为施加道德约束。自我的职责就是平衡本我和超我之间的冲突，以使本我、自我和超我能协调起作用。咨询师的任务就是帮助儿童获得自我的力量，以达到本我和超我之间的平衡。

3. 自我防御机制

自我有一种防卫功能，当超我与本我之间，本我与现实之间，发生矛盾和冲突时，人会感到痛苦和焦虑，这时自我可以在无意识中以某种方式调整冲突双方的关系，使超我的监察可以接受，同时本我的欲望又可以得到某种形式的满足，从而缓和焦虑，消除痛苦，这就是自我的防御机制。由弗洛伊德提出并经汤普森和瑞多芬（Thompson & Rudolph, 1983）进一步总结的防御机制包括：

（1）压抑：把意识所不能接受的欲望、冲动、意念、情感和记忆等，抑制到无意识之中。生命中前5年发生的创伤性事件很可能被压抑，成为无意识的。

（2）投射：投射是个体将自己不能容忍的冲动、欲望转移到他人的身上，以免除自责的痛苦。

（3）反向形成：将意识中可能引起焦虑的冲动，思想或情感转变为相反的东西。

（4）合理化：对不合理的、不能接受的行为给以合理解释，让非理智的东西对自己或他人显得理智。

（5）否认：当一个人碰到极大的创伤或不愉快的经验时（如被强暴），

为了使自己不至于感到太痛苦，歪曲或否认自己有这种经验存在。

（6）抽象化：感情问题不直接处理，而是间接地通过抽象思想来处理。

（7）退行：当人受到挫折无法应付时，即放弃已经学会的成熟态度和行为模式，使用以往较幼稚的方式来满足自己的欲望。儿童第一次开始上学时黏着父母、吮大拇指或者大哭等行为是常见的退行行为。

（8）补偿：个体利用某种方法来弥补其生理或心理上的缺陷，从而掩盖自己的自卑感和不安全感，所谓"失之东隅，收之桑榆"就是这种作用。

（9）认同：个体无意识的将他人所长据为己有，作为自己行为的一部分去表达，借以解除焦虑和痛苦的一种防御机制。青少年的偶像崇拜就是某种程度上的认同。

（10）转移：将对某一对象的情感、意图或幻想无意识的转移到另一个对象或替代的象征物上，以减轻精神负担，求得内心安宁。例如，一个小孩受到一个大孩子的攻击，她可能会感到攻击那个大孩子不安全，这种做不会降低她的焦虑。相反，她可能向一个更小的孩子挑战。

儿童咨询师熟悉所有这些防御机制的定义是很有用的，因为儿童使用这些防御机制来应对自己的痛苦和焦虑（Thompson & Rudolph, 1983）。虽然防御机制会在正常人群中出现，但是弗洛伊德认为它阻碍人们处理无意识问题的决心。因此我们需要识别这些防御机制，了解它是如何阻碍儿童处理问题的。

4. 阻抗和自由联想

当我们的思想处于从一个想法到另一个想法的转换中，通常会发生自由联想。但是，由于防御机制或阻抗的干扰，思想和想法的自然流动会受到阻碍。精神分析学者认为阻抗会阻碍患者回忆痛苦经历以及谈论引发焦虑的事物。精神分析学者鼓励患者自由谈话，寻求思想和感觉的连续性，明确主题然后解释患者的阐述。这样能保持患者的自由联想，从而使他们继续谈论重要问题。由于患者的阻抗或防御机制而使自由联想受阻，注意到这一点并向患者提供解释是精神分析师的职责。通过这个过程，患者就能够发现并理解他们以特有的方式思考和感受的原因，并且理解他们当前的行为。

5. 移情

所谓移情，是指个体将产生于生命早期的对自己具有重要意义的客体（通常是养育者）的情感、思想和行为转移到治疗师身上。在治疗过程中，移情一旦发生，整个治疗的进程似乎立即集中于一个方向——对咨询师的关系。随着移情关系的逐渐加剧，咨询师被儿童体验成自己生命中最重要的一个人，通常是父母。这是儿童早年生活模式被激活的结果。移情作用一旦发展到这个程度，那么对于儿童回忆的工作便退居次要地位，而需要处理新发生的移情。

移情是心理动力治疗最具特征性的过程。移情被定义为一种反应，它具有不恰当性、情绪性和矛盾性等特点。虽然在治疗师和儿童之间现实的关系中通常也具有上述特征，但这种关系比移情关系更具现实一般人际关系的特征。

所谓反移情，是指咨询师对儿童无意识的反应，特别是对儿童移情的呼应。如同儿童发展对咨询师的移情一样，咨询师也发展对儿童的移情，这被称为反移情。咨询师保持对这些情感的觉醒，理解它们的源泉，特别是它们内在冲突的意义，即对方什么样的内在冲突激起了自己如此的反应。保持对这些问题的觉醒，对于帮助理解儿童的内心世界是非常重要的。在这个过程中，反省和中立是咨询师应该采取的态度。

（二）安娜·弗洛伊德

虽然弗洛伊德主要是为成人做心理咨询，但是他的女儿安娜·弗洛伊德则创立了通过观察儿童游戏来为儿童进行心理咨询的方法。她寻找虚构的游戏和绘画背后的无意识动机，强调和儿童建立起咨访关系后，再向他们解释游戏的内容。她花很多精力去建立儿童对她的充分依恋并把儿童带到真实的依赖她的关系中。她认为儿童只会相信"他们喜爱的人"，并且只会做一些使这个人高兴的事情。她认为对咨询师的这种情感依恋或正移情是展开儿童咨询的先决条件（1982）。安娜·弗洛伊德也很强调负移情，当儿童把咨询师看做是母亲的竞争者时就会发生负移情。

安娜·弗洛伊德评估儿童的发展时，她不仅注意儿童的性驱力和攻击驱力，而且注意其成熟的一面，如：从依赖转化为自治，提出发展线的概念。例如，她展示了儿童如何从对自我中心关注逐步转变为他人中心的关注。在自我中心的时候他们没有注意到其他儿童，在他人中心时他们把伙伴作为真实的人而与之发生关系。安娜·弗洛伊德坚信自我以及本我应该是精神分析治疗的重点，在以《自我与防御机制》（1936）一书中，她描述了被精神分析师确认的十种防御机制，在防御机制中她增加了"与攻击者认同"和"利他主义"这两种防御机制。在与攻击者认同这一防御机制中，个人主动给自己认定一个角色，他曾被这一角色伤害过。在利他主义防御机制中，个人变得"对他人有帮助而避免了无助感"。她还写了"对现实情境的防御"，即认识到动机不仅可以来自内部驱力也可以来自外部世界。由于她有理解儿童发展的经验，她能够阐述各种防御机制是如何产生的，不仅能够认识到防御机制的异常功能和适应不良的功能，而且能够认识到与外部世界打交道的适应性方法和正常的方法。

（三）克莱因

克莱因用游戏这种非指导性的方法替代弗洛伊德的口头自由联想，来为儿童咨询。她发展了弗洛伊德的客体关系理论（1932）。弗洛伊德认为儿童要依恋于"客体"，比如我们的母亲，而儿童的成长和发展包括与这些客体的分离。在分离的过程中我们依恋其他客体，即过渡客体。比如，当一个孩子玩玩具或与一个人一起玩时，玩具或这个人就成为了过渡客体，因为儿童把感情从母亲那里转移到了这个客体身上。

虽然安娜·弗洛伊德认为在运用解释之前在儿童和咨询师之间形成一定的信任关系是必要的，但是克莱因强调不必等待建立友好关系之后再解释，而是立即使用解释。她认为儿童表现的每一个有意义的词语和动作都应该立即被分析。她特别强调儿童治疗过程中游戏活动的重要性。她认为婴儿来到这个世界的时候，由于和父母具有与生俱来的本能冲突，他们就具有复杂的幻想，而且会相应地经历不同阶段的心理疾病。她强调客体关系理论和过渡客体的重要性。在咨询室内的玩具和其他客体，以及咨询师，都被看做是过渡客体。另外，克莱因有时也会为儿童的行为作一些无害的解释，而不是总对那些行为赋予一些象征性的意义。

当代儿童咨询师需要理解安娜·弗洛伊德和克莱因的观点，尤其是关于咨询关系的本质以及正移情和负移情的理论概念。显然，咨询师对安娜·弗洛伊德和克莱因不同理论观点的个人看法，将会影响他在工作中运用咨询关系的方式。安娜·弗洛伊德的思想在开放式的、没有时间限制的儿童心理咨询中是有用的。但是，她的观点不适用于短期的、有时间限制的心理治疗，在这样的心理咨询中与儿童的长期依赖关系是不可能的。在这种情况下克莱因的思想可能更适用。

（四）温尼考特

《客体关系儿童心理治疗实例：皮皮的故事》阐述了温尼考特对心理动力学理论的贡献。温尼考特认为过渡客体和过渡空间促进了儿童的成长和发展。过渡空间是在帮助儿童与母亲分离的过程中母亲和儿童一起游戏的空间，帮助建立独立的自我认同。按照温尼考特的观点，儿童咨询相当于过渡空间。即对于一些儿童而言，咨询会谈和与咨询师的关系本身就足以使儿童通过无意识问题活跃起来。

三、心理动力学派用于儿童心理咨询中的特殊性

精神分析是一个长期的过程，所以需要得到儿童和家长保证咨询时间。治疗有时会持续几年，期间需要保持与儿童的接触和家长的合作。只参加咨询中的某些部分，将会使精神分析的结果难以预料。

安娜·弗洛伊德（1980）发现儿童没有意识到自己的痛苦是由内部环境决定的。通常家长送孩子来咨询都是因为家长本人认为儿童有各种问题（如厌学、学习困难等），但孩子缺乏对自己疾病的意识。儿童通常将自己的痛苦归结为外部因素或把自己的症状作为生活的一部分加以承受，但他们渴望改变的动机反映出他们的痛苦是很强烈的。但一旦他们在治疗中感受到的痛苦超过他们当前的痛苦时（这种情况对于神经症儿童很常见），那么他们将很难坚持接受这种长时间的痛苦的治疗。

人际关系理论的精神分析学家们认为，不成熟领悟所产生的想法和幻想不是儿童正常发展过程中的一部分。因此，如果使用解释的方法来引导儿童产生领悟，反而会阻碍他们心理性欲的发展。所以，人际关系理论的精神分析学家们对儿童使用修订过的分析技术，其中包括"间接分析"，例如讲故事和比喻，这样可以产生与其年龄相适应的自我意识。

儿童过于依赖家长是儿童精神分析中经常需要考虑的问题。这是因为家长是儿童获得爱的主要源泉，儿童对家长有持久的情感信任，儿童的"力比多"往往很难投向咨询师。因此，咨询师最好让家长参与到部分治疗中来，参与的方式既可以是通过与家长达成联盟共同帮助孩子成长，也可以通过改善他们的家庭关系来重建孩子的精神状态。

对于以心理动力学派为理论指导的咨询师而言，区分对成人和儿童使用自由联想的差异是十分重要的。观察儿童的自由联想不只要通过他们的口头表达，还要通过间接的自由玩耍，尤其是想象扮演的游戏。为成人咨询，只需要为他们解释主题和重现的概念，但为儿童咨询则要通过儿童的游戏、讲述的故事和作品的观察，来解释重现的主题和概念。

鲁特（Rutter，1975）对心理动力学派的儿童咨询有几点建议：第一，将咨询过程缩短，治疗目标及所使用的策略具体明确。第二，将咨询重心放在具体的意识层面或现实的环境压力下，而非只注重潜意识层面。第三，咨询重点由儿童本身转移到其整个家庭。第四，减少对各种心理防御机制的解释，加强咨询师与儿童之间关系的建立。

第二节　行为取向的儿童心理咨询

行为疗法植根于学习理论，这种原理被心理学家在严格的实验室情景研究动物和人类行为的过程中所证实，适应于儿童、青少年和成人等各个年龄段的人群，在儿童咨询中使用最为广泛。行为取向的儿童心理咨询就是运用学习原则帮助儿童消除不良行为，并学会更多的适应反应模式。

一、早期发展

华生（John Watson）因其做了一个经典的"小罗勃特"的实验而被公认为行为主义之父。这个实验之所以非常著名，是因为它表明人类的情绪反应可以由学习而习得，这种观点与当时占统治地位的心理动力学派观点有所不同，心理动力学派关注内在的以及无意识的驱动力。在"小罗勃特"的实验后不久，琼斯（Jones，1924）报告了一个白兔恐惧症儿童的案例。琼斯通过逐步的、多等级的暴露，让儿童逐级接近白兔，同时将这种暴露与向儿童提供食物联系起来。最终，儿童消除了对白兔的恐惧，并能在治疗结束时抚摸兔子。这个案例是学习原理在临床问题上的首次应用，而琼斯也被视为系统脱敏法和治疗其他恐惧和焦虑问题的先驱。

随着实验研究的发展，到 20 世纪 50 年代，行为治疗家开始更多地关注人类问题。在 10 年中，出版了 3 本重要的书籍，它们为今天仍在使用的大多数行为治疗和行为矫正技术提供了理论基础。1950 年，多拉德（Donald）和米勒（Miller）发表了《人格和心理治疗》一书，该书试图整合心理分析理论和学习理论，他们将当时非常流行的心理分析理论和概念转化成学习理论、刺激—反应的语言，但这本书并没有驳斥心理分析理论，它只是从行为的角度来解释人格和心理治疗过程。斯金纳（Skinner）在《科学和人类行为》一书中，利用操作性原则来解决人类的问题。斯金纳的著作为操作性方法提供了基础，对从心理分析的角度来解释人类心理功能的观点进行了批评，并大力提倡应在临床工作中运用科学的方法，强调以可观察到的行为作为治疗的焦点。斯金纳并没有因此而否认个人、内心事件的存在以及重要性，但他认为这些事件太过主观，不能有效地用科学方法来改变人类行为。1958 年，沃尔普（Joseph Wolpe）发表了《交互抑制心理疗法》一书，他将学习理论的方法运用到成人精神障碍的治疗中。沃尔普运用经典性条件反射理论，将焦虑看做精神障碍的关键因素，同时他还发展了系统脱敏法的基本治疗程序。

班杜拉（Bandura，1969）因认识到观察学习在行为获得和改变中的重要作用，而获得了人们的一致赞誉。班杜拉（1977）还提出了社会学习理论，这种理论包含操作性学习、经典性学习和观察学习等多种成分。社会学习理论认为影响人的行为的因素是多种多样的，环境和社会在其中起着非常重要的作用。同时，它还提供了解释人的行为的综合性框架（Kazdin，1980）。社会学习理论很好地反映了折中主义行为治疗家的观点。拉扎勒斯（Lazarus，1976）多维行为治疗强调问题界定和干预的综合性行为观点，这与社会学习理论的观点也是相一致的。

二、主要理论

1. 经典性条件反射

环境中的不同刺激会自动地引发反射行为，如：对噪声的惊恐反应，或吃食物时嘴里分泌出唾液，都是非条件的反应，这些反应是非习得的、自动的或无意识的。但是，这些反应也可以通过经典性条件反射而习得，即将中性刺激与一些无条件的刺激多次联系以后，中性刺激可以产生反射反应。恐惧就是一种常见的反射行为。前面提到的著名的"小罗伯特"案例就是经典性条件恐惧反应的例子。在经典性条件反射中，行为发生前的刺激或事件被视为行为的控制因素。沃尔普的系统脱敏法（1958）就是基于经典性条件反射的原理而设计出来的行为治疗程序。

2. 操作性条件反射

操作性行为是有意识的、个人可以自由控制的行为。这些行为受行为结果的影响或控制。一个行为是被强化（增强）还是被削弱（减少），都由行为的结果决定。一般来讲，能带来良好结果的行为会因受到积极的强化而增强，而带来不良结果的行为会因惩罚而减少。行为也会因强化的停止而减少直到消退。大多数日常行为都是操作性的，因此以操作性为基础的干预方案被广泛地应用于学校。

3. 观察学习

当一个人观察到另一个人表现某种行为时，随后他获得或表现出同样或相似的行为，这就是观察学习。个体通过观察榜样而习得行为，这种行为是模仿学习的结果。习得新行为的个体并没有受到行为出现后的结果的影响。事实上，大多数行为并非由某种学习方式而产生，而是经典性、操作性和观察学习综合作用的结果，大多数问题行为是通过几种学习机制而习得的。社会学习理论（Bandura，1977）运用这三种学习方式来解释行为，并强调大多数社会情景中发生的行为是多种因素共同作用的结果。与强调单一学习方式的理论相比，社会学习理论能解释更多、更广的行为。

三、行为学派在儿童咨询中的特殊性

行为学派针对儿童的外显行为是很有效的，特别适合低龄儿童。因为越是年幼的儿童大多数行为受外在环境和操作条件的影响，因此改变环境和改变儿童是同样重要的。在治疗时，要求行为治疗师应非常准确地控制外部环境中的刺激。行为治疗师很少运用内部强化系统和改变儿童的认知结构来矫正问题行为。需要特别注意的是对儿童行为的分析应以其表现为基础。所有用来界定儿童问题的术语都要可操作，这样就可以准确地测量问题发生的频率和持续的时间。行为治疗目标明确，才能使治疗方案有较强的针对性。行为治疗的干预技术强调操作性和实验性，这样就可以确定某一行为形成的原因及其结果，从而制定有效的强化方案，实现行为重塑。尽管行为治疗师可能会探讨问题形成的原因，但他们更重视通过具体的方法来形成更积极的行为模式。

第三节　存在和人本取向的儿童心理咨询

"人本治疗"这个术语是由罗杰斯（Carl Rogers）和他所创立的协会于1974 年提出的。人本治疗理论认为在特定的治疗情境下，个体有能力帮助自己实现个人成长，并为自己的生活找出健康的生活目标和方向。

一、早期发展

罗杰斯在一个儿童咨询预防机构工作 12 年，这段工作经验对其理论的发展影响颇大，对于当时仍盛行的心理学分析派，罗杰斯批评其费时、无效。他认为领悟经验所造成的改变相当有限，相反，由罗杰斯与当事人在治疗过程中所形成的开放坦诚的治疗关系，本身有不可忽视的重要治疗效果。在治疗中，他越来越重视帮助患者自己指明方向，相信患者自身的智慧和经验，1939 年，他完成了自己第一本著名专著《问题儿童的临床治疗》。1940年，他在俄亥俄州立大学当全职教授，不久就完成了《心理咨询与心理治疗》一书，在这本书中提到的大量治疗技术表明，在他看来，治疗应是非指导性的。

二、主要人物及其理论

（一）罗杰斯

罗杰斯认为人生来就有自我指导和自我实现的能力。自我实现是"机体内在的潜能，可以全面地发展个体的能力"（Rogers，1959）。随着儿童的成长，他们的感知领域开始分化出自我。自我意识发展成自我概念，并组成了儿童的内部体验和对环境的感知，尤其是别人对他们的反应以及他们与他人的互动。所有的儿童都有获得别人积极肯定的需要，他们希望受到奖励、接纳和关爱，这种需要在所有的需要中占据最重要的位置。那些获得积极认可的儿童会形成正确的自我价值。当父母和他人将自己的爱建立在儿童是否做了令他们满意的事情时，儿童开始怀疑自己的内部情感和想法，并调整自己的言行，使之能获得身边重要他人的认可。这样，儿童的行为就得到了引导。

　　罗杰斯发表的《心理咨询与心理治疗》一书在当时很有争议。尽管精神分析学派强调的是咨询师对患者行为的分析和解释，但是罗杰斯（1955，1965）认为在一个温暖、共情的咨询关系中，来访者有能力发现自己的解决方法。因此他把咨询关系本身看做产生治疗变化的催化剂，并且认为咨询师努力对来访者的行为做解释是不合适的。

　　罗杰斯把理想咨询关系的特征描述为和谐、共情和无条件积极关心，咨询师对来访者和来访者的行为有非评判性的态度。因为罗杰斯相信来访者有能力自己发现解决办法，所以总体上他是非指导性的，并且使用积极倾听和反馈来的技术。虽然罗杰斯的咨询主要是针对成年人的，但是我们认为，在帮助儿童叙述故事尤其是在治疗的最初阶段，他的思想是非常有用的。

（二）阿克斯莱茵

　　阿克斯莱茵（Virginia Axline）的儿童咨询在某些方面与罗杰斯的成人咨询很类似。阿克斯莱茵认为对儿童来讲，游戏比言语更能表达出他们的内心想法。正如成人"说出"他们的困惑一样，游戏为儿童提供了"玩出"他们的情感和问题的机会。她相信，在与治疗师建立安全关系的环境下，儿童有能力解决自身的问题。阿克斯莱茵认可共情、友好、接纳和真诚的咨询理念，运用了罗杰斯的反映式倾听的技术。在《游戏治疗》中阿克斯莱茵概括了非指导性游戏治疗的 8 个原则。

（三）格拉斯

　　格拉斯（William Glasser，1965）是现实治疗（后来称作控制治疗，然后又称作选择治疗）的创始人，这种方法被广泛应用于校园环境中（也适用于成人拘留中心和刑事机构）。现实治疗包括帮助患者愿意接受客观事实和行为的自然结果。在现实治疗中鼓励患者在不侵犯他人权利的前提下，为寻找满足自身需要的方法担起责任。在儿童已经领悟了自己和他人的行为，并通过改变行为寻求以更适应性的方式满足自身需要的时候，现实治疗显然是有用的。在社交技能训练中现实治疗也是有用的。

三、人本主义应用于儿童心理咨询中的特殊性

人本学派的治疗师在治疗遭遇发展和危机问题的儿童时，通过传递共情、尊重和真诚等情感，提供安全的氛围，帮助儿童将自己内心的情感和想法都表述出来，以提高儿童自我指导的能力。针对儿童的患者为中心的咨询技术有：

（1）简单接受：咨询者做出很微小的言语或非言语的反应，如：点头、"嗯"或"我知道"。这一技术有助于儿童感到治疗师的关注，减轻焦虑，促进表达。

（2）反馈：咨询师采用不同的表达方式将儿童的情感和语意表达出来，包括内容反映和情感反映。

（3）具体化：咨询师针对儿童表达中含糊不清的地方提问，帮助儿童更清楚和更具体地讲述问题，使儿童表达不清楚的意思变得更明确、更具体。

（4）总结：咨询师简短、精要地总结儿童所说的话。由于儿童语言逻辑性不够完善，他们通常会思维跳跃，这个技巧有助于儿童将不完整的想法整

合起来，以突出重点。

（5）面质：咨询师对儿童所暴露出来的问题以及歪曲的想法，用一种关心和温和语气将他们说出来，让儿童直接面对。这一技巧有助于儿童正视自己的问题，促进问题的解决。

（6）即时性技术：咨询师将咨询关系现状反馈给儿童，以帮助和坦诚的态度与儿童分享他们的真实情感和想法。

（7）自我暴露：咨询师与儿童分享他们自己类似的情感、体验和想法，以帮助儿童理解更多的东西。

（8）开放性提问：咨询者设计一些开放性的问题来了解儿童的情感、内心体验和想法。

（9）沉默：可以使咨询者和儿童都有时间来考虑刚才所说的话，还能等待儿童说一些他们真正想说的话。

（10）对深层情感的反馈：咨询者将儿童话语背后或内隐的情感反馈给儿童，这样有助于更多地理解儿童。

第四节　认知行为取向的儿童心理咨询

认知行为疗法以改变适应不良认知为主要目标，将改变认知和行为的两种方法相结合，促进来访者认知、情绪和行为的改变，以消除心理障碍。主要理论有：埃利斯（Ellis）的"理性情绪行为疗法"（REBT），贝克

（Beck）的"认知疗法（CT），梅钦鲍姆（Meichenbaum）的"认知行为矫正（CBM）"以及伯恩（Berne）的"相互作用分析"（TA）等。儿童心理咨询中使用最多的是"理性情绪行为疗法"，下面主要介绍这种疗法。

一、理性情绪行为疗法的基本理论

理性情绪治疗基于这样的假设：非理性或错误的思想、信念是情感障碍或异常行为产生的重要原因。对此，埃利斯提出了理性情绪治疗法的核心理论——"ABC"理论。A 是指诱发性事件（activating events）；B 是指个体在遇到诱发事件之后相应而生的信念，即他对这一事件的看法、解释和评价（beliefs）；C 是指特定情景下，个体的情绪及行为结果（consequence）。ABC 理论指出，诱发性事件 A 只是引起情绪及行为反应的间接原因，而人们对诱发性事件所持的信念、看法、理解才是引起情绪及行为反应的更直接的原因。人们的情绪及行为反应与人们对事物的想法、看法有关。在这些想法和看法背后，有着人们对一类事物的共同看法，这就是信念。合理的信念会引起人们对事物的适当的、适度的情绪反应；而不合理的信念则相反，会导致不适当的情绪和行为反应。当人们坚持某些不合理的信念，长期处于不良的情绪状态之中时，最终将会导致情绪障碍的产生。

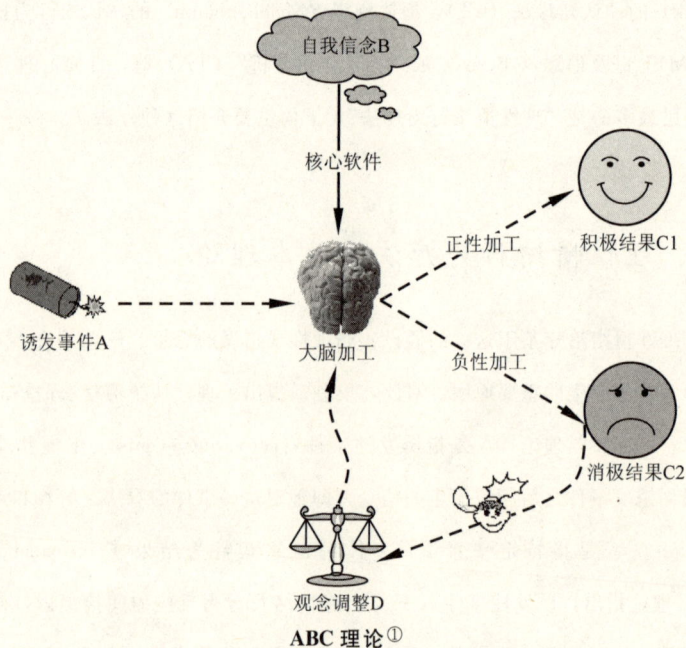

ABC 理论①

二、不合理信念的特点

1. 绝对化

个体以自己的意愿为出发点，对某一事物怀有认为其必定会发生或必定不会发生的信念，它通常与"必须"，"应该"这类字眼连在一起。"我应

---

① 摘自 http：//esatc. hutc. zj. cn/jpko/xlxjc/Readpews. asp? /pewID＝233

该能考第一"，"别人必须很好地对待我"等。

2. 过分概括化

以偏概全、以一概十的不合理思维方式。一方面是人们对其自身的不合理的评价；另一方面是对他人的不合理评价。对自己因为一次惹老师不高兴了，就认为谁都不喜欢自己。

3. 糟糕至极

认为如果一件不好的事发生了，将是非常可怕、非常糟糕，甚至是一场灾难的想法。如：一次没考好，就觉得世界末日到了，自己没有前途。

三、理性情绪行为治疗基本技术

理性情绪行为治疗强调改变求治者的认知，但是可以采用多种多样的方法，实现这一目标。常用的认知行为治疗技术如下：

1. 与不合理信念辩论

与不合理信念辩论技术为埃利斯所创立。与不合理信念辩论是指咨询师向来访者所持有的关于他们自己的、他人的及周围环境的不合理信念进行挑战和质疑，从而动摇他们的这些信念。采用这一辩论方法的咨询师必须积极主动地、不断地向来访者发问，对其不合理的信念进行质疑。提问的方式，可分为质疑式和夸张式两种：

质疑式。施治者直截了当向求治者的不合理信念发问，如"你有什么证据能证明你自己的这一观点？"、"是否别人都可以有失败的记录，而你却不能有?"、"是否别人都应该照你想的那么去做?"、"你有什么理由要求事物按您所想的那样发生?"、"请证实你自己的观点"等。

夸张式。施治者针对求治者信念的不合理之处故意提出一些夸张的问题。这种提问方式犹如漫画手法,把对方信念不合逻辑、不现实之处以夸张的方式放大给他们自己看。例如一个有社交恐怖情绪的求治者说:"别人都讨厌我。"咨询师问:"是否别人不干自己的事情,都来关注你?"对方回答:"没有。问:"那原来你说别人都讨厌你是否是真的?"答:"…… 不全是……"在这段对话中,咨询师夸大对方的不合理之处发问,让来访者自己感到自己的想法不可取,从而动摇和改变自己的不合理想法。

2. 合理的情绪想象技术

合理的情绪想象技术是理性情绪行为疗法中最常用的方法之一,其步骤如下:

首先,使来访者在想象中进入他产生过不适当的情绪反应或自感最受不了的情境,体验在这种情境下的强烈的情绪反应;其次,帮助来访者在想象中让儿童试着通过改变认知,体会到强烈情绪的下降;最后,停止想象,让对方讲述他是怎么想的,而使自己的情绪发生了变化的。此时咨询师要强化来访者的新的合理的信念,纠正某些不合理的信念,以巩固新的情绪变化。

3. 认知的家庭作业

理性情绪行为疗法是在改变人的认知上下工夫,但要改变人的信念与思维方式是一件非常困难的事。因此,治疗不但需要治疗者的努力,也需要来访者本人的努力，这种努力不仅在会谈时间中进行，也应持续到会谈以外的时间中。认知的家庭作业正是为此而设立的。在完成作业的过程中，来访者可以更好地掌握会谈之中的内容，并且学会自己与自己不合理的信念进行辩论。认知的作业主要有：理性情绪行为疗法自助量表、与不合理的信念辩论和合理的自我分析。

理性情绪行为疗法自助量表。其主要内容是完成一个五线表，先让填表者找出 A 和 C，然后再找 B。表中列有十几种常见的不合理信念，填表者可从中找出符合自己情况的 B，也可单独列出其他的不合理信念。接下来请来访者对自己所有的不合理信念进行质疑式的辩论（disputing），并完成表格中的 D 列内容。最后是填写 E，即通过自己与自己的不合理信念辩论而达到了什么情绪的和行为的效果（effects）。

与不合理的信念辩论。这也是一种规范化的作业形式，内容很简单，只需儿童回答一些具体的问题：

（1）我打算与哪一个不合理的信念辩论并放弃这一信念？

（2）这个信念是否正确？

（3）有什么证据能使我得出这个信念是错误的（正确的)？

（4）假如我没能做到自己认为必须要做到的事，可能的最坏结果是什么？

（5）假如我没能做到自己认为必须要做到的事，可能的最好的结果是什么？

4. 行为技术

行为技术在认知改变中是广为使用的，常用的的行为改变技术有：系统脱敏、暴露疗法、角色扮演以及果断性训练等。

四、认知行为治疗在儿童心理咨询中的特殊性

研究表明低于 8 岁的儿童在反思自己的想法方面有困难，不适合采用认知改变的方法。8 岁及以上的儿童能够在头脑中回顾自己的想法与言语，也可以从自己的角度出发来评价自己的行为。当儿童具备一定的反思和评价能力的时候，就可以接受认知治疗。艾利斯的合理情绪疗法将认知和行为的改变相结合，是一种比较适合儿童的心理治疗技术。治疗师通过质疑和挑战儿童的自毁信念，帮助他们提高自尊，同时配合问题解决技能的练习，增强问题解决的能力。但是需要指出的是对儿童进行认知行为的治疗，首先，咨询目标需要非常具体；其次，在咨询过程中尽量使用游戏和故事等具体形象的活动，这样才能有效促进儿童对概念的理解，产生认知层面的反思和改变，消除各种心理问题。

【本章小结】

本章综述了四种心理学派的基本理论以及在儿童心理咨询中的应用。心理动力学派将解释和分析作为最基本方法，促使来访者发生内在领悟式的转变；行为取向的儿童心理咨询使用最为广泛，该疗法运用学习原则帮助

儿童消除不良行为，学会更适应的行为方式；人本学派的咨询师通过通过传递共情、尊重和真诚等情感，提供安全的氛围，帮助儿童将自己内心的情感和想法都表述出来，以提高儿童自我指导的能力；认知行为取向的心理咨询师帮助儿童质疑和挑战自毁信念，建立积极的自我概念，提高问题解决的能力。在实际的咨询中需要咨询师根据自己的喜好和儿童的具体问题，灵活地选择和使用各种理论和技术，用以指导自己的临床实践，实现临床疗效最大化。

【思考与练习】

1. 心理动力学派用于儿童心理咨询的特殊之处有哪些？

2. 行为学派的基本理论及其对儿童心理咨询的适宜性？

3. 人本取向儿童心理咨询的基本理论和基本技术有哪些？

4. 认知行为治疗学派的基本思想及其对儿童心理咨询的适宜性？

【阅读链接】

1. 林丹华等译．（2002）．儿童青少年心理咨询与治疗．北京：中国轻工业出版社．

2. 廖凤池，王文秀，田秀澜．（1997）．儿童辅导原理．台湾：心理出版社．

第三章　儿童心理咨询的基本过程

【本章学习提示】

我们从上一章了解到不同的咨询理论在咨询实践发展过程中做出了不同的贡献，对心理咨询进行了不同的解释和分析，但是不同流派的儿童心理咨询也有其共性的一面。本章首先分析儿童心理咨询的影响因素，包括：咨询师的特质、儿童的特质、咨询情境的特质，以及咨询关系的特质等；然后专门分析儿童咨询基本过程；接着介绍同时发生在儿童身上的内部改变过程。因为只有当儿童内部真正的发生了改变，才能说咨询真正的有了效果。

【本章学习目标】

通过本章的学习，将实现以下学习目标：

• 儿童心理咨询的影响因素

• 儿童心理咨询的基本过程

• 儿童发生改变的内部过程

第一节　儿童心理咨询的影响因素

无论是成人的心理咨询还是儿童心理咨询，由于人的复杂性和个体差异性，在咨询过程中有很多因素会影响到咨询进程和效果。因为篇幅有限，本节只讨论有效咨询师的人格特质、儿童自身的性格特点、咨询环境的特点，以及咨询关系等影响儿童心理咨询的因素。

一、有效咨询师的人格特质

咨询师所从事的咨询工作相当复杂，而且由于咨询师的工作是"人对人"的工作，因此，对咨询效果的影响因素除了咨询师的专业技能之外，还有咨询师个人的人格特质，尤其咨询师在咨询过程中所表现出来的对儿童的关注，是非常重要的。

什么样的人格特质是有效的咨询师所具有的特质？由于儿童咨询师的理论取向和咨询风格不同，不同的咨询师对此也有自己独特的见解。例如，人本主义咨询师则强调真诚、共情和尊重是咨询充分必要的条件，而认知行为学派咨询师则认为咨询师的真诚、共情和尊重是有助于咨询进行的，但这并不是咨询的重点。尽管不同的理论流派有不同的观点，但是各学派一致认可的有效咨询师人格特质包括：咨询师要有自我觉察力，对自己的情绪体验敏感，并且能够不断反省，能够自我成长，为儿童的改变提供示范；能够促进儿童的个人成长。

同时儿童咨询师要能够不断反省自己的价值观，并且对自己的助人动机有清楚的认识，要了解自己在咨询工作中扮演什么样的角色，是价值中立的促进者，还是有教育使命的教师？对"儿童"这个特有的个体持有什么样的态度？是否能够相信"儿童有能力为自己做决定"？是否能够以儿童能理解的语言和肢体动作与儿童进行交流？

另外，由于咨询工作从本质上来说是咨询师借助咨询技能来影响儿童，促进儿童改变的工作，因此，儿童咨询师如何发挥自己的影响力，让儿童及其教师、亲人能感受到其专业性、吸引力和信任，这也是很重要的。

二、儿童自身的性格特点

尽管从理论上来说，咨询师要对所有的儿童一视同仁，但是实际上并非如此，人与人接触的第一印象会影响彼此的关系。

最受咨询师欢迎的儿童一般是活泼、可爱、聪明、口齿伶俐的，而让咨询师很不喜欢的儿童大多是平淡无奇、不够聪明、不善交谈和有缺陷的。尽管这违背职业伦理，但不可否认，咨询师一般会受到儿童这些外表特质的影响，而且咨询师一旦形成刻板印象，很容易干扰咨询关系的进展。因此咨询师必须诚实地检查自己是否容易受这些特点的影响。

对于儿童咨询师来说，必须诚实地检查自己最喜欢和最无法接受的儿童的类型。一般来说，口语表达流利、反应敏捷、有强烈的自我反省力、懂事有礼貌的儿童会比外表邋遢、过于沉默、调皮捣蛋、充满敌意或阳奉阴违的儿童更受咨询师的欢迎，但是后者的成长环境也许更糟，更需要咨询师的帮助。因此咨询师要培养对儿童的敏感度和开放的态度，尽量不要以主观的刻板印象来对待儿童。

而且一般前来咨询的儿童通常认识到自己有一些困扰，想寻求帮助，但是，由于咨询师对儿童来说是陌生的，因此，儿童一般会有"既期待又害怕受伤害"的矛盾心理，他们期待咨询师能有效解决他们的困扰，但是又担心在咨询师面前赤裸裸地暴露自己。前来咨询的儿童，除了可能有这些矛盾心理外，他们可能会有不满情绪和抗拒，特别是被学校的老师或家长强制送来接受咨询的儿童。他们通常对咨询师充满敌意，可能会采取不合作的态度或阳奉阴违的消极抵抗等态度。因此，儿童咨询师必须做好心理准备，运用恰当的咨询技能和真诚的态度，和儿童建立安全的有利于咨询的关系。

而对于儿童咨询师来说，另一个特别重要而且必须面对的问题是"谁是我的来访者？"例如：一个母亲将自己7岁的儿子带到咨询室，她说儿童有许多坏毛病，如尿床、咬指甲、说谎等。咨询师了解情况后发现儿童的父母长期关系不好，父亲经常和母亲吵架，而且，父亲在家庭之外又有另外一个女人。提到这些事情时，母亲不断哭泣，但又责怪儿子不够懂事，让母亲在学校、工作单位和家庭之间疲于奔命。在这种情况下，咨询师要帮助的究竟是有外遇的父亲，无助的母亲，还是受害的孩子？如果咨询师决定将儿童作为自己的来访者，即母亲作为帮助儿童改变的重要他人，咨询师就可以建议母亲寻找其他的专业帮助（如法律和婚姻咨询），但是咨询师的重点则是放在儿童身上。

三、咨询环境的特点

咨询时，一些物理环境也会影响咨询的进程。理想的咨询室应该安排在不受外界干扰的地方，要安静和隐密。咨询室内的灯光照明和座椅的安排都应是舒适温暖的，墙壁的颜色、上面的装饰、茶几和桌子上的摆设都应该让儿童感到温馨，但又不会让儿童分散注意力。

对儿童来说，为避免太分散注意力，咨询室内的摆设，甚至是咨询师的衣着打扮都要注意。为了让儿童有被尊重和被关怀的感觉，通常咨询师和儿童的座椅呈90°，座椅的高度是儿童的脚可以接触到地板，而且不要太大，让儿童被椅子吞没，使儿童坐立不安。此外最好能让双方的视线有平行的接触，而不是咨询师高高在上。一般来说，咨询师和儿童之间尽量不要有桌子或其他摆设，如果条件允许，咨询室可以铺设地毯，上面放一些玩具，一方面让儿童觉得舒适自在；另一方面也可以用来作为会谈时的媒介。为了减少干扰，可在咨询室门口挂上"请勿打扰"的牌子。

四、咨询关系

咨询关系包括了一些关系，如社交关系、朋友关系和亲人关系，但是又不完全是其中任何一种关系。咨询关系是咨询的基础，同时也是促进咨询进展的重要因素。良好的咨询关系不但促进儿童解决自己的问题，而且会使儿童在走出咨询室之后，与其他重要他人建立更安全温暖的关系。建立良好的咨询关系，是咨询师和儿童双方努力的结果，而且建立这种关系的主要目的就是满足儿童的特殊需求，而不是满足咨询师本身的需求。

咨询关系在不同的咨询阶段会有不同的特点，要完成不同的任务。在咨询初期，主要任务是能够使儿童自由表达自己的问题，并且处理儿童对这种关系的担心和害怕。在咨询过程中，咨询的关系已经稳定，这时更重要的是咨询师和儿童的合作关系。在最后结束阶段，建立咨询关系的重点是，处理儿童对将要结束咨询关系时的各种感受。无论如何，咨询关系的质量一般会随着咨询的进程而递增。

尽管咨询关系在不同的咨询阶段有不同的特点，但是真正的咨询关系在咨询过程中是真实存在的。尽管它的重要性在不同的治疗流派看来是不同的，但是对儿童心理咨询，无论哪种理论取向，都必须致力于这种真正的咨询关系的建立。

第二节　儿童咨询与治疗过程

儿童心理咨询要经过哪些发展阶段，不同的理论流派由于注重的层面不同，而有不同的见解。但是儿童咨询的过程一般会包含四个阶段：最初的评估阶段、咨询和治疗阶段、治疗效果的评估阶段和结束阶段，其中每个阶段都包括了一些具体的程序。尽管每个儿童咨询过程都会经历这四个阶段，但是由于每个案例都是不同的，因此并不是对每个儿童进行咨询都要用到这些程序，其中一些程序可能会和其他程序同时进行，而另一些程序可能在治疗过程中重复进行。

一、最初的评估阶段

最初的评估阶段即为咨询的准备阶段。这个阶段包括两个程序，即搜集信息及与父母（或看护者）签订咨询协议书。

（一）搜集相关信息

为使咨询工作有效，咨询师需要尽可能了解儿童的信息，这些信息包括：儿童的行为、情绪状态、人格、成长历史、文化背景和生活的环境。

这些信息可能有不同的来源。有时提供信息的人是儿童的父母，有时是学校的老师，或其他关心儿童的其他人员。这些信息对于帮助咨询师了解儿童来说是很重要的。但是必须注意的是：由于提供信息的人有自己的思考角度，因此他们提供的信息可能是不准确的或是被扭曲的。但是，这种信息依旧是有用的，因为由此可以了解周围的人是如何看待儿童的。例如，一位老师告诉咨询师，儿童故意不听老师的话。后来，咨询师发现这个儿童的抽象思维能力有问题，他不能理解老师讲的是什么，并不是故意不听话。尽管老师所说和儿童的实际并不一致，但是这也有助于我们了解别人对儿童的看法。

在最初的评估阶段中，如果可能，我们最好和整个家庭会谈。这样我们就可以获取儿童生活环境的重要信息。如果不能和整个家庭会谈，也要与父亲或母亲（或其他看护者）会谈，以了解事情的大体情况。和父母会谈一般是单独进行，这样父母就可以在不受儿童影响的情况下，自由和开放地谈论儿童的问题。

（二）与父母（或看护者）签订咨询协议书

在搜集了有关儿童和有关儿童问题的信息之后，咨询师就要和父母签订与咨询过程有关的协议书。当父母不是儿童的看护者时，咨询师就要和真正的看护者签订咨询协议书。

儿童有情绪问题，那么其父母也有可能是焦虑的。如果他们的孩子与他们所不认识的人建立咨询关系，他们就会担忧要发生什么。当父母知道，他们的孩子会在咨询中和一个对他们来说是陌生人的咨询师谈论问题，并且有可能谈论到家庭问题时，他们会觉得这是一种威胁。另外，有些父母认为自己对待孩子不够好，他们就可能担忧咨询师因孩子问题而责备他们。

因为父母会焦虑，所以，给父母机会和咨询师会谈，这很重要。在这种情况下，不但要谈论孩子和咨询过程，而且在一定程度上要谈论父母自己的焦虑。和父母会谈中，咨询师需要共情式的倾听，这对减轻父母的焦虑和保证儿童咨询的正常进行都是有用的。但是，尽管给父母机会简要地谈论自己的焦虑，这对促进儿童的咨询进程是必要的，但是我们要尽量避免对儿童咨询的同时变为对父母的咨询。

在和父母签订咨询协议书时，要让父母理解：儿童与咨询师的关系是排他的。咨询师会告诉父母，为使咨询有效，需要儿童自由和开放地谈论，并且相信咨询师，为此，咨询师不能告诉父母咨询的具体过程。同时，咨询师也会告诉父母，父母不能完全知道孩子都告诉了咨询师什么，这是很不舒服的。但是咨询师会向父母保证，他们会让父母知道大概的治疗过程。而且，咨询师会告诉父母，如果有的信息是父母有权利知道的，咨询师会和儿童谈论父母了解这些信息的必要性，在征得儿童同意的情况下，咨询师会将有关信息告诉父母。

在最初的评估阶段，搜集到了所有有价值的信息后，咨询师就要形成一个有关儿童现有问题的基本假设：在儿童身上可能发生了什么。这个假设不但建立在所搜集的信息基础上，而且是以咨询师自己对儿童心理学和相关理论的理解为基础的。而且，这个假设必须清晰地解释了儿童在信念、态度、期望和行为上的发生和发展过程。头脑里有了这个假设，咨询师就能够选择合适的方法开始为儿童进行咨询了。

二、咨询和治疗阶段

儿童咨询和治疗阶段包括四个过程：与儿童建立咨询关系、让儿童讲述他们的故事、解决儿童特定的问题和鼓励儿童用不同的方式思考和行为。与儿童建立咨询关系是整个咨询过程的基础，在咨询师与儿童建立了安全舒服的咨询关系之后，咨询师就需要使用恰当的游戏或媒介让儿童讲述自己的故事，如果讲述故事本身还没有解决儿童的问题，就需要解决特定的问题，教会儿童掌控自己的问题，并且教会儿童新的更加适应的思考方式和行为方式，增强儿童适应生活的能力。

（一）与儿童建立咨询关系

由于大多数儿童由父母带到咨询室来，因此，给父母提供一个友好的环境，不但有助于与儿童相处，而且这也是治疗过程的一部分。当父母到来时，要让父母感到他们是受欢迎的。和儿童建立关系一般从与父母的熟悉开始。这样做可以使儿童由于父母的关注和控制感到安全和舒服。儿童看到了咨询师和父母很熟悉，他们就会对咨询师有一定程度的信任。另外，父母会鼓励儿童和我们建立咨询关系。同时，这个过程也使父母感到他们在咨询过程中起着重要作用。当和父母熟悉之后，咨询师一般先让儿童了解咨询环境，让他们知道他们的母亲或父亲在哪儿等着他们，当儿童表现得特别焦虑时，这样做更有用。之后，咨询师必须让儿童选择第一次咨询会谈怎样开始，以及怎样进行下去。

在这个过程中，让儿童理解咨询关系的本质是很重要的。不理解这一点，儿童就不知道咨询师希望的是什么，也就不知道自己的目标是什么，他们也就不能和咨询师建立安全和舒服的关系。因此在咨询关系开始时，咨询师需要讲清规则，这样儿童就能清楚的知道什么是允许的，什么是不被允许的。这样儿童就能在规则范围内随意地表达自己，他们就可以暴露自己，并且谈论那些私人的和秘密的问题。

为了和儿童建立了温暖的和安全的咨询关系，咨询师对儿童要不加评判，给予无条件的积极关注。在与儿童建立咨询关系过程中，还要考虑到每个儿童都有自己独特的人格和经历。他们有的可能被所信任的成人背叛过，有的可能对别人有敌意，有的可能因惊吓而沉默，有的可能很调皮，或者有不恰当的行为，而年龄小的孩子也有可能因不善表达而不能有效地沟通。这些都需要咨询师耐心对待，采用不同的相处方式，促进咨询关系的建立。例如：有的儿童很难和他们的父母分开，对于这样的儿童，咨询师要邀请儿童和他们的父母一起去咨询室。在咨询师和父母交流时，让儿童在房间里玩。在这个过程中，咨询师要不时地和儿童说几句话，让儿童说一些在这个房间里他们感兴趣的东西。或者咨询师让儿童和他们的父母一起玩，直到他们感到在这里很安全，再让父母离开咨询室。

随着体验的深入，儿童对咨询关系会有进一步的理解。总之咨询关系的建立是咨询过程的基础。建立了咨询关系，儿童就会感到舒服，他们就能很好地参与到咨询过程中。

（二）让儿童讲述他们的故事

让儿童讲述他们的故事是儿童咨询过程中最重要也是最有效的过程。儿童所讲故事的内容反映了他们如何看待自己的现状。在这个过程中，咨询师要使用游戏或恰当的媒介，直接或间接地让儿童讲述故事。

对于儿童咨询来说，单独的使用口头交流这种咨询技能通常是没有用的，特别是当咨询的对象是交流有困难的儿童、情绪上十分痛苦的儿童或有突发心理问题的儿童。因此在和儿童建立了安全的咨询关系之后，要使用游戏或恰当的媒介来让儿童讲述自己的故事。选择合适的游戏和媒介需要认真的考虑。游戏的环境和媒介必须符合儿童发展的年龄阶段，必须有利于儿童讲述自己的故事。这样才能给儿童一个探索自己情绪和心理问题的良好环境。使用了合适的游戏和媒介，就可以让儿童讲述自己的故事了。

在让儿童讲述自己的故事过程中，信任问题是很重要的。没有一定程度的信任，咨询的进展就会受到限制，因此，在开始时咨询师不能着急。一旦信任关系建立起来，就可以让儿童讲述他们的故事了。此时，咨询师不能急于进行治疗，而是让儿童自由地表达自己、暴露感受和那些困扰自己的问题，并且使他们感到舒服、安全、有价值的并且是受到尊重的。没有经验的咨询师可能不耐烦，会通过提问题的方式急于加快咨询进度。在这种情况下，儿童就会因为害怕咨询师侵犯自己敏感的内心世界而停止交流。

通过讲故事，儿童就有可能分清事件和他们的问题，并且对自己的问题有一定的理解。另外，讲述故事使他们能主动的而不是被动的疏通自己的痛苦感受，并且能够主动的掌控自己的焦虑和其他情绪问题。这样做的结果就是：儿童的心理就会发生很大程度的改变。

事实上，由于很多因素的影响，现实中这个过程的发生却不是那么简单和直接的。有问题的儿童通常行为不一致，他们在认知上或在交流自己的感受上有困难，一些儿童在冲动的控制上有问题，一些儿童还有病理性防御机制。治疗过程就会被一个或多个这样的问题所困住，如果不对这些问题认真考虑和面对，这些问题就会破坏咨询过程。

（三）解决儿童特定的问题

有时通过讲述故事本身就能有效地减轻儿童情绪上的痛苦，这样，问题自然就会解决。但是，通常，咨询师需要帮助儿童解决特定的问题，这样他们才能不再有困扰。这可能需要借助游戏或使用咨询技能来达到目的。在这个过程中，要帮助儿童掌控自己的问题，这样儿童就不会再受到一些导致他们焦虑的想法和记忆的过度干扰。这样，儿童就开始拥有一个不同的自我，他们的自尊就会增强。一旦问题得到很好的处理，并且儿童学会了掌控自己的问题，儿童的焦虑就会减少，他们的社交关系也会加强，他们就能更好地融入到社交和情感世界中。

（四）用不同的方式思考和行为

儿童通过讲述自己的故事，提高了对自己的觉知，这样他们能触及并宣泄自己强烈的情绪，然后儿童改变了自我形象，这些是治愈过程中的重要部分，但就这样结束咨询是不够的。如果只是解决了儿童的特定问题，不对儿童无用的想法和行为进行工作，儿童会继续使用这些无用的思维和行为方式，这是不可避免的。因为所有的人类包括儿童，他们所建立的思维和行为模式会随着时间而被强化。特别是当儿童的情绪受到困扰时，他们的思维和行为方式与他们的困扰是一致的，通常这些都是机能不良和不适应的。咨询师在解决了儿童的特定问题之后，有责任帮助儿童学习新的思考方式和行为方式，这样儿童才能具有适应性的功能。如果不这样做，儿童自己不能改变他们无用的思维方式和行为，而未来当所困扰的情境再次出现时，儿童有可能再次出现同样的问题。因此在这个阶段，帮助儿童处理自我破坏性的想法和选择更适应的行为是很恰当的。

在这个阶段，咨询师要帮助儿童学会如何改变那些无用的信念、态度、想法和观点，并且儿童要学会减少那些导致创伤和情绪痛苦的认知歪曲。另外，咨询师需要鼓励儿童去选择那些更有适应性的行为。没有这个阶段，儿童就可能继续重复那些过去的行为，正是这些过去的行为导致新的情绪创伤。

三、评估效果和结束阶段

这个阶段包括两个过程：咨询效果的评估和咨询过程的结束。

（一）咨询效果的评估

最好和儿童的家人一起来做最后的评估。评估的目的就是确定是否需要进一步的咨询，并且评估咨询的效果，然后给出建议。

（二）结束咨询

最后评估之后，咨询过程就结束了。在整个咨询过程中，咨询师要不断回顾治疗的进展以确保目标是否达到，如达到，则可结束咨询。以下线索可以帮助咨询师确定是否该决定结束咨询：

（1）儿童达到了一个高原。

（2）有时儿童会停滞或不能恰当处理阻抗。这样儿童就不会感到压力，他们会知道没人会强迫他们去体验过于痛苦的经历。

（3）有时儿童内心似乎需要更强大的力量。

（4）儿童变得喜欢参加社交活动或者运动。进而他们会把咨询看做生活中不必要的干预，所以不想继续下去。

（5）咨询的焦点会转移，儿童或许会玩耍而不是积极参与治疗，咨询师认为似乎不再能达到治疗的目标。

（6）儿童通过咨询已经能够独立，特别是父母也参与进来的时候。

（7）儿童的行为确实像父母或学校报告的那样发生改变了。

对于最后一条，应该指出的是改善行为本身并不是结束咨询的充分理由。行为改变或许是儿童向咨询师打开心扉表达自己的深层感情，因此，在咨询中关注发生了什么事是很重要的。即使咨询师尽力使儿童独立，很多儿童也会不可避免地对咨询师产生依恋。所以结束咨询对儿童来说是一种损失，儿童必须对此做好充分的准备。在这个过程中，我们要与儿童开诚布公地讨论如何结束咨询，并且讨论儿童的感受。有时儿童会对离开感到很矛盾，要让儿童谈论他们复杂的感受。最后，要有一个特别的说"再见"的结束会谈，这样儿童就能象征性地脱离咨询关系。有时咨询师为了让儿童感觉好受些，会在咨询后与儿童保持一段时间的联系。这可以通过进一步的评估、信件或电话等形式来进行。

决定何时终止咨询对一个咨询师来说是一件困难的事情。从咨询与治疗过程来看，终止的时机似乎很明显。一旦儿童在咨询与治疗过程上达到最后阶段，咨询就不再有必要了，儿童可以向着机能良好的方向发展。但实际上做出这样的决定并不容易。对咨询师来说有很多问题使终止咨询变得很困难，如：退行，即儿童恢复到咨询之前的行为方式，儿童对咨询结束感到焦虑时常见的表现；临近终止时，儿童提出新问题；咨询师不理智地依赖咨询关系；儿童似乎达到了咨询过程的高原，咨询师认为其仍需进一步改变。

对于儿童退行问题，咨询师要和儿童讨论分离、放弃和拒绝等问题。这能使儿童意识到他们对临近终止的反应，并继续探索处理这些反应的新方式。对于临近终止时儿童提出新问题，咨询师要决定是否允许儿童从头开始咨询与治疗过程。这有赖于对新问题的评估，以及对儿童不借助帮助独立处理问题的能力的评估。解决依赖咨询关系对每位咨询师来说都非常重要。当咨询师变得依赖儿童时就很难认清这点。分清这种依赖的最好的方式是与督导讨论案例。达到高原状态意味着儿童需要一个机会来整合和吸收在咨询过程中习得的变化。这通常是终止咨询的恰当时机。

有些儿童要求长期咨询，一般认为儿童咨询时间不应过长。成人就不同了：他们或许积累了多年未解决的问题，这些问题相互混合，所以咨询师必须帮助成人逐层解决未解决的事情。由于儿童的生活经验有限，他们没有积累那么复杂的心理症状或适应不良的行为，因此儿童的咨询时间不要太长。通常咨询一般是每周一次，持续两到三个月。但是，有些儿童只需要两三次咨询即可结束。除了特别的案例，如果一个儿童咨询时间长达几个月，咨询师应回顾目标是否达到，并准备结束。

第三节　儿童改变的内部过程

上一节我们探讨了咨询师必须采取行动给儿童带来改变的咨询过程，从某种意义上说这些是儿童改变的外部过程，因为这些活动是由咨询师进行的，而不是儿童。在这些外部活动进行的同时，儿童内部也经历着一些过程，这些过程直接引起儿童的改变，而且这些改变是儿童能够体验到的。这些内部过程有可能在咨询中自然发生，也有可能在咨询过程外发生。与儿童咨询的3个阶段和其中的各个程序相对应，儿童的内部过程包括5个阶段，即儿童出现问题阶段、儿童与咨询师建立关系阶段、儿童的问题解决阶段、儿童以不同的方式思考和行为阶段及儿童结束咨询阶段。

儿童咨询发生改变的外部过程和内部过程的对照表

外部过程		内部过程	
阶段	具体过程	阶段	具体过程
1. 最初的评估阶段	搜集相关信息与父母签订咨询协议书	1. 儿童出现问题阶段	
2. 解决儿童问题阶段	和儿童建立咨询关系	2. 儿童与咨询师建立关系阶段	儿童和咨询师相处儿童开始讲述自己的故事
	让儿童讲述自己的故事，解决儿童特定的问题	3. 儿童的问题解决阶段	儿童增强对问题觉知儿童处理阻抗儿童继续讲故事并且触及到强烈的情绪
	用不同的方式思考和行为	4. 儿童以不同的方式思考和行为阶段	儿童改变自我印象儿童处理自我破坏性的想法儿童练习和体验新的行为
3. 评估效果和结束阶段	咨询效果的评估结束咨询	5 儿童结束咨询阶段	

与儿童咨询的外部过程相同，由于每个儿童都是不同的，又由于人类行

为是很复杂的，因此，儿童内部过程 5 阶段概括了儿童咨询改变的基本过程，具体到个别儿童身上的改变过程可能会有所不同。

为更好地理解儿童内部过程的 5 个阶段，本文以一个案例的形式来说明。为了保护儿童的隐私，我们合并了几个案例的信息，并且改变了所有能辨别儿童的信息。

红红是个 11 岁的女孩，但是她的心理年龄比实际年龄还小，她和单身的母亲一起生活。是她母亲带她前来寻求咨询帮助的，母亲说女儿抑郁、焦虑、过度敏感，她还说女儿很容易哭泣，在学校里听课时注意力不集中，又不听老师的话。从最初和她母亲的访谈中咨询师了解到，红红的父母离婚，而且她是父母婚前怀孕所生，而且一开始母亲并不接受她，但是，最近几年，母亲把她当做一个大人来看待，把她当做自己的朋友。从中可以看出，她的母亲对女儿的行为和情绪寄予不现实的过高期望。从最初的访谈中咨询师还发现，红红的外祖父和外祖母同样不喜欢她的母亲，经常忽视她母亲的存在，而且经常打她的母亲。母亲在自己的家庭里经常是委曲求全，她的父母对她很苛刻，但是她的兄弟姊妹却没有受到同样的虐待。外祖父母也不喜欢红红。红红的母亲决定不再像自己的父母养育自己那样养育红红，她决定努力给红红一个更好的生活。

一、儿童出现问题阶段

只有当儿童有情绪问题时才被带去接受咨询。当然，有时儿童并不是因为情绪问题，而是因为有行为问题才来咨询的。而且是当儿童的情绪问题或行为问题引起了父母或老师的注意时，儿童才会在父母的带领下寻求咨询帮助。

本案例中的母亲认为红红有行为问题，红红在学校里听课时注意力不集中，又不听老师的话，同时还有焦虑和抑郁的情绪问题。当红红被母亲带到咨询室后，咨询师要做的就是搜集相关的信息，并且和母亲签订咨询协议书。

二、儿童与咨询师建立关系阶段

在儿童与咨询师建立咨询关系阶段中，儿童要和咨询师相处，并开始讲述自己的故事。

（一）儿童和咨询师相处

最初咨询师鼓励红红在游戏屋里自由地玩耍。在她玩洋娃娃和木偶时，咨询师参与进来。通过和她接触，并且观察她如何玩耍，咨询师发现了红红有很多优点，如：她富有想象力，有很强的抽象思维能力，也很和善，但是会过于抱怨并且极力想讨好别人。当红红的母亲谈论女儿的问题时，咨询师让红红做补充，红红说她同意母亲所说的全部内容。在咨询师给红红解释了咨询关系的本质和目的后，她能够明白这些，并且和咨询师建立起了积极的关系。她感到很舒服，并且愿意咨询师和她接触。

（二）儿童开始讲述自己的故事

在恰当的环境中，咨询师使用了合适的媒介和所需的咨询技能时，儿童就会很自然地开始讲自己的故事。儿童可能是以直接的方式讲故事，也可能是间接地通过玩耍的方式来讲故事。

在红红的案例中，咨询师选择了动物玩具作为媒介。做这个选择时咨询师的假设是：红红的情绪问题可能和她与母亲的关系有关。这个假设来自于咨询师对初访信息的分析和评估，咨询师注意到红红一开始是不被她母亲所接受的，母亲对她与自己母亲的关系是不满意的。

通过使用动物玩具，红红能够投射性地说明她和母亲、她和外祖父母之间的关系。然后，她更直接地讨论了这些关系。在讨论过程中，她开始讲述自己的故事：红红认为她母亲依旧不接受她，红红也非常想讨好外祖母，并且她认为只有自己表现很好时，外祖母才喜欢她。

三、儿童的问题解决阶段

儿童在讲故事的过程中，他们对自己的强烈情绪或痛苦问题的知觉增强了。儿童要么继续讲述自己的故事，然后触及到自己强烈的情绪，要么儿童就会偏离咨询目标或后退到咨询前的状态，处理这种阻抗后，咨询会继续进行。

（一）儿童对问题知觉的增强

对红红的咨询继续进行，咨询师让红红用木偶来进行角色扮演。通过角色扮演，她讲述了公主和仙女的童话故事，在这个故事中，公主扮演了一个母亲角色。从这个故事可以看出，红红很想和她母亲有更亲近的关系，她希望和母亲有温暖的接触，有更多的身体接触，希望母亲拥抱她。然而，她知道她母亲并不理会她的这种愿望。她也知道，只有在她顽皮或在被别的孩子欺负时，她母亲才接近她。这是很容易理解的，因为红红的母亲是以特殊的方式按照自己的需要养育孩子的。红红也逐渐认识到一个事实：因为母亲不让她接近外祖母，所以她总是对外祖父有好奇心。红红也开始认识到一旦她接近外祖母，母亲就会和外祖母吵架。

（二）儿童处理阻抗

在儿童处理强烈的情绪或困难的问题时，他们很自然地从处理自己的痛苦中偏离或退回到沉默中。在日常生活中，有时这种行为是适应性的，因为这有助于儿童对当时情境的适应。这种回避也是咨询过程中很正常的部分，这就是儿童的阻抗。对儿童来说，阻抗是一种潜意识过程，在意识水平，儿童所想的问题是，"我讲这些问题安全吗？""如果我讲了会怎样？"儿童也可能会想，"这太可怕了"或"讲这些太痛苦了"。

当红红更加清楚地认识到她和母亲的关系有多么重要时，她就开始回避谈论这种关系了。如果这种关系被提及，她就会通过偏离来避免面对自己的痛苦，她会做一些无关的活动，如在黑板上画画。

在出现阻抗时，咨询师需要很认真，不要强迫儿童继续讲故事，而是帮助儿童以他们能接受的方式处理阻抗。如果使用恰当的咨询技能，儿童就能继续讲述他们痛苦的问题，然而，同样儿童有可能继续回避讲故事。咨询师退回到咨询过程的早期阶段，给儿童从其他方式讲述自己故事的机会，这也会有助于解决阻抗。如：改变所使用的媒介，儿童对咨询过程的兴趣就从另外的角度被唤起，这样就更容易重新开始咨询。

在红红开始偏离和回避痛苦问题时，咨询师会让儿童注意这种偏离，咨询师会说，"我好像发现，在你讲述你对母亲的感受时，有些困难。我注意到在我们谈论你母亲时，你不说话了，你在做其他的事，比如你在黑板上画画。我想知道如果你开始谈论母亲，你感觉怎样?"红红说她不知道。咨询师继续说，"我想知道你在说你母亲时是否有点害怕?"她说可能是，她很清楚的是她不愿意继续谈论她和母亲的关系。然后咨询师决定用另外的方式来使儿童继续讲自己的故事。咨询师让儿童玩泥巴，一旦儿童熟悉了泥巴，咨询师就让儿童捏泥人，然后咨询师鼓励她养育她创造的这个泥人。然后咨询师让她把这个泥人放在房间里，离开泥人，问她有什么感受。这个活动使她进入了咨询改变的下一个阶段。

（三）儿童继续讲故事并且触及强烈的情绪

如果阻抗处理得好，儿童就会继续讲故事，这就可能会触及强烈的情绪。

当红红和泥人分离时，她开始体验到什么是亲近，什么是分离。咨询师然后鼓励红红和泥人对话，作为泥人，她可以和"母亲角色"（红红）说话。在角色扮演时，泥人可以对"母亲"表达自己的恐惧："母亲"不爱她，可能永远不爱她，她害怕母亲会抛弃她，如果母亲抛弃她，她担心不知道谁会来照顾她。在泥人和母亲的对话中，红红开始谈论自己和母亲相处时的个人感受，她开始哭，她开始触及自己的悲伤。她继续谈论被母亲拒绝时的感受和对抛弃的恐惧。并且红红思考了为什么母亲不喜欢她的原因，她认为是因为她不是个好孩子，不值得爱，所以母亲不喜欢她。

四、儿童以不同的方式思考和行为阶段

在儿童通过讲述故事来减轻情绪痛苦时，儿童的问题一般就得到了解决。这时儿童需要建立一个不同的自我印象，当儿童改变了自我印象，就需要处理儿童自我破坏性的想法，并且练习和体验新的行为，从而能以更适应性的方式面对生活。

(一) 儿童改变自我印象

儿童需要建立一个不同的自我观或对自己有不同的认识，这样他们就能改变自己的自我印象并且也会增强自尊。

红红内化了很多她母亲和外祖母的话，所以她认为自己不是个好孩子，她不值得爱。为了让红红改变旧有的自我印象，咨询师要帮助红红产生对自己好的评价。咨询师让红红思考自己，让她把自己比喻为长在外面的一棵果树，再把它画出来。红红要思考果树的本质、优势、活动、阻力等，咨询师让她把自己的实际情况和果树进行比较。在这个过程中，红红有了一个新的自我印象，而且这种印象是以她自己生活中的真实事件为基础的，但是这个印象不同于她旧有的印象，这个自我印象是她自己更喜欢的，这个印象让她对自己的能力有了自信，她清楚了自己的优势，她能够做决定，她能够选择自己的未来。

（二）儿童处理自我破坏性的想法

一旦儿童改变了自我印象，这个新的印象就有可能引起儿童对自己一些想法的质疑。这时，咨询师需要帮助儿童辨别那些自我破坏性的想法，并用更适应的想法去代替。

红红的自信增强了，但是她还是认为她的母亲和外祖母都觉得她不是个好孩子，这也就是为什么她感到被拒绝的原因。这种想法显然具有自我破坏性，由于她在学校里没有朋友，而且她和外祖母的关系依赖于她的表现，这个想法会被强化。咨询师鼓励红红观察其他儿童的行为，由此她知道所有的儿童都是有时表现得好，有时表现得不好。咨询师在咨询室来进一步挑战那些无用的想法，这些无用想法对建立更喜欢的自我印象不会起好的作用。

（三）儿童练习和体验新的行为

当儿童的自我破坏性想法被替换为积极的具有建设性的想法后，儿童会选择另外的更有适应性的行为方式。但是在建立新的行为之前，儿童需要练习、实践和体验新的行为。因此，在这个阶段，咨询师要帮助儿童在咨询条件下练习新的行为，同时儿童要在日常生活中体验这些新的行为。此时，儿童需要从他人那里获得奖励和鼓励，这样，儿童就会坚持下来。采取一些策略来刺激儿童和调动他们的动机，有助于他们在更广大的社交环境中改变并产生新的技能。系统地记录儿童体验不同的行为所带来的积极和消极结果，同样有助于儿童获得更适应的行为。

咨询工作开展到现在，红红开始考虑寻找另外一种和她母亲及同学相处的方式。她认识到她母亲很多时候要么是不能、要么是不愿意和孩子有身体的亲近。红红知道她可以继续挣扎，像她以前所做的一样，以得到母亲的亲近。另一个选择就是她要和母亲交流，用另外的方式和母亲相处，从而和母亲建立另外一种关系。她决定选择后者。红红发现她和她母亲有一些共同的兴趣，这让她和母亲都高兴。对于共同兴趣的交流使她们之间的关系改变了，红红也更有安全感了。

红红也考虑了她和学校同学的关系。她决定改善和同学的关系，但是她却不知道怎么做到这一点（因为她缺乏基本的社交技能）。咨询师制定了一个工作表来提高红红的社交技能，主要是通过角色扮演来练习表达和沟通技能。这些角色扮演主要是针对那些在学校里发生的和其他孩子间令人不愉快的事件。

五、儿童结束咨询阶段

完成了整个咨询过程，儿童的问题就得到了解决，儿童现在具有了正常的适应性功能。这时咨询也就结束了。

红红现在解决了她对拒绝的恐惧和被母亲抛弃的恐惧。她和母亲的关系得到了改善，她与母亲交流的能力也有了提高，她也不再担心公开表达自己的感受了。结果，红红也能和母亲交流她和外祖父母的关系问题了，这就促进了这个问题的解决。她现在具有适应性的功能，她也能和母亲直接的交流，而不是通过咨询会谈来解决。

本文使用了一个案例（其中包括了所有的阶段）来解释发生在儿童身上的咨询改变的过程。尽管所描述的这个咨询过程看起来可能是一个很容易进行的，事实上并不如此。咨询通常是很复杂的，在咨询过程中，通常会出现新的问题。有时，只需要进行这个过程的一部分就可以达到目标，有时需要不只一次地进行某些过程才能达到目的。

【本章小结】

影响儿童心理咨询的重要因素包括：有效咨询师的人格特质、儿童自身的性格特点、咨询环境情境的特点，以及咨询关系等。儿童咨询的过程一般会包含四个阶段：最初的评估阶段、咨询和治疗阶段、治疗效果的评估阶段和结束阶段，其中每个阶段都包括了一些具体的程序。在这些外部活动进行的同时，儿童内部也经历着一些过程，儿童的内部过程包括 5 个阶段：即儿童出现问题阶段、儿童与咨询师建立关系阶段、儿童的问题解决阶段、儿童以不同的方式思考和行为阶段及儿童结束咨询阶段。

【思考与练习】

1. 影响儿童咨询进程及效果的因素是什么？

2. 儿童咨询的一般过程包括哪几个阶段？

3. 结束咨询过程中有可能遇到哪些问题？

4. 儿童改变的内部过程是什么样的？

5. 如何处理在咨询过程中儿童出现的阻抗？

【阅读链接】

1. 廖凤池，王文秀，田秀澜．(1997)．儿童辅导原理．台湾：心理出版社.

2. Kathryn Geldard, David Geldard. （2002）. *Counseling Children*: *A Practical Introduction*. London: Sage Publications.

3. Kathryn Geldard, David Geldard. （2008）. *Relationship Counselling for Children*, *Young People and Families*. London: Sage Publications.

第四章　儿童心理咨询的催化性技术

【本章学习提示】

在宏观上了解了儿童心理咨询的基本概念、基本理论和基本过程之后，我们需要从微观层面具体了解儿童心理咨询的基本技巧。催化性技术和挑战性技术是两种最基本的面谈技术，这章我们先学习催化性技术。所谓催化性技术，是指咨询师通过言语或非言语的方式表达对来访者的尊重、接纳与关注，再通过观察、倾听等技巧，一方面帮助咨询师对来访者及主诉问题有完整的理解；另一方面也协助来访者寻找困扰自己的焦点，并进行探讨。

【本章学习目标】

通过本章的学习，将实现以下学习目标：

- 观察
- 积极倾听

第一节　观察

观察是咨询开始的第一步，也是使咨询能顺利进行下去的基础。从儿童进入咨询室的那一刻，观察就应该开始了。要使观察更有效，咨询师就不要主动参与到儿童的活动中，而是在旁边自然地观察。因为做一个"旁观者"比做一个"当局者"更能以一种客观的立场进行观察。为了诱导出咨询师想要的东西，通常让儿童玩玩具，做游戏，总之要让他们自然地流露出最真实的一面，同时也要坦率地告诉他们，他们玩的时候，咨询师会坐在旁边，安静地看看他们。坦率地讲出来，反而会让儿童更坦然，不会对咨询师投以过多的注意，不然他们可能会怀疑咨询师的目的。观察时需要注意的一点是咨询师要确保不对儿童的行为进行判断和解释。除了以旁观者的身份进行观察，如果有特殊的目的，还可使用以下方法：以陌生人的身份侵入儿童的空间；强行加入儿童的游戏；指导儿童如何玩耍。当咨询师做这些事情时，观察儿童会有什么反应。到底该如何观察儿童呢？毕竟要做到详细全面的观察不是件容易的事。本章就详细介绍了应该在哪些方面进行观察才能得到更多更有效的信息。

一、观察一般表现

一般表现是指当儿童走进咨询室时，咨询师对儿童的第一印象。第一印象包括儿童的穿着，儿童的言语水平以及任何异常表现，例如儿童的某些怪癖（例如，面部痉挛）。咨询师对儿童的第一印象对今后咨询的进行是非常重要的。儿童与其父母之间的关系如何，是与父母亲昵地偎依在一起的，还是游离于父母之外的？与父母分离时的表现——是平静的，不安的，还是恐惧的？儿童的一般行为是怎样的，是不停地玩弄着衣角，东张西望地观察咨询室，还是退缩地躲在一边？言谈是流畅的，自信的，还是吞吐的，结巴的？单从儿童呈现给咨询师的这些初始信息中，咨询师就可以获得很多儿童可能要回避的东西，这些信息有助于咨询师决定如何实施咨询。

二、观察儿童的情绪情感

正常成人所体验到的情绪，儿童大部分都会体验到。不同的是，儿童的情绪一般较激烈，较不稳定。儿童容易发脾气，不易相处，也不易管教。大部分儿童都是这样，尤其在两岁半与三岁半之间。儿童的情绪表现主要有以下几种：

生气

生气是儿童期早期最常发生的一种情绪反应。因为引起生气的刺激太多，也因为儿童很快就学会生气是获取需要的既快又简单的方法。引起生气的情况有：游戏时的争执、盥洗与穿衣方面的反抗、有趣的行动受干扰、欲望受挫折、和其他孩子打架、别人抢走他所爱的东西，以及被伙伴辱骂。儿童生气的次数与强度，与家庭环境密切相关，例如：喜欢生气的孩子，多半生长在问题家庭或成人是两个以上的家庭；有兄弟姊妹的孩子比独生子容易生气。

害怕

低年龄儿童害怕的事物比婴儿或年长的儿童多。智力的发展，使他领悟到一些以前不知道的危险。最初，害怕比较像"惶恐"，而不是真正的害怕。当他逐渐长大，害怕的反应开始分化，害怕的东西减少，害怕的程度也减轻了。这种现象，一是由于他了解到以前所害怕的情况，实际上并不足以畏惧；二是由于社会压力，使他企图掩饰恐惧以免被人耻笑，使自己显得勇敢；三是由于成人的指导，改变了对以前事物害怕的态度，转而变成喜欢的态度。

在家里缺乏安全感的孩子，有时候并非真正害怕，但也感到很不舒服。例如，丧父或丧母，使他感到自己被遗弃，但不知道为什么。这种不舒服的心理状态，有时候会发展为泛化的忧虑，即对任何状况，儿童都会产生一种轻微的害怕，认为对他是一种威胁。为了消除忧虑所带来的不愉快感觉，他可能会变为懦弱与畏缩，以逃避害怕，避免体验到忧虑。

嫉妒

嫉妒是以人为对象的愤怒反应。嫉妒发生在社交中，尤其当儿童所爱的人也在场时。当父母或其他照顾者把关怀转移到其他人身上时——特别是新来的客人，儿童一定会产生嫉妒。一般儿童在两岁至五岁间开始有嫉妒心，因为这时候一般而言，家里会出现多了一个小弟弟或小妹妹的情况。虽然在弟妹尚未出生以前，就预先告诉他，但他还是免不了会嫉妒。

儿童期早期的嫉妒反应，与生气的表现一样，只要嫉妒的对象是另一个他认为夺取了他被爱地位的人。儿童嫉妒时，有时候会出现类似新生儿的退化行为，例如：咬拇指、尿床、顽皮、拒绝人家的关怀、不吃饭，假装生病、假装害怕——这些都属于退行现象。一般而言，女孩子的嫉妒心较重。

好奇心

好奇是儿童的天性。任何一件事物，只要是他从没有见过的，都会吸引他。儿童的好奇程度与表现方式因人而异。聪明的儿童，常常喜欢探究他们的环境，所问的问题比智能低的儿童多。批评和笑话所带来的社会压力，常会妨碍儿童原始的兴趣和探索行为。很多儿童因为害怕，而不敢探索。越有安全感的孩子，越会表现出好奇心。

愉快

儿童所感受的快乐，与其形容为愉悦或欣喜，不如形容高兴更恰当，高兴的快乐程度胜于愉悦或欣喜。对孩子来说，有太多事可以让他们高兴与欢笑。生理方面的舒服、滑稽的不协调状况、忽然发生的嘈杂声、轻微的阻碍或挫折，以及双关语等，都能博得儿童一笑。儿童对滑稽有趣的戏剧，比对幽默剧更容易理解，他可以从实际的生活状况、喜剧、电影或电视中发现很多乐趣。

儿童感到最愉快的是获得成就感，尤其是花费很大辛苦干完一件工作后。但这项成绩是否能使他感到愉快，取决于重要他人对他的反应。如果妈妈对孩子期望太高，孩子的成绩不能使母亲满意，那么孩子也不会感到愉快。

爱

儿童爱那些使他愉快和满足的人们。除了爱人们以外，他还爱动物及其他亲密的东西。儿童与家人或外人是否能建立深厚的感情联系，主要看这些人如何对待他的。儿童若不能接受家人或外人的爱，很可能变为"自我中心"，这将妨碍儿童与别人的感情交流。另一种情况是假如儿童过份依恋父母亲或是其中的一位，将会拒绝其他同龄孩子的爱。儿童若一直依恋父母，将不容易和其他儿童建立友谊。

儿童表现爱时，和表现其他情绪一样，都是不受抑制的。他可能会表现在身体方面或是用语言表示。儿童会拥抱、拥吻，或抚拍他所爱的人与物。希望与所爱的对象一直在一起；当所爱的对象离开时，会哭泣；并且喜欢与所爱的对象做相同的事。

在幼儿期，成人比较能够控制幼儿的环境，使他经验最少的不愉快，享受最大的快乐。但到了儿童期早期，则不可能再如此。这时候，儿童逐渐要独立自主，使他害怕、生气、苦恼与挫折的情况也多了起来。若儿童所经历的不愉快太多，愉快太少，这将不利于发展健康的人格，相反会促使忧郁性格的发展。他的表情很快地就变为愠怒、郁郁不乐、不满意，这些负性的情绪情感使他更不讨人喜欢，由此形成恶性循环。不愉快的情绪很容易成为习惯，所以必须采取一些措施随时避免儿童产生害怕、生气、嫉妒与忧虑，努力启发儿童产生快乐、高兴与爱等，以平衡不快乐的情绪，使不快乐的情绪减少。这并不表示应该把儿童罩在一个玻璃罩子里以避免任何不快乐的事情，而是要避免无理的害怕、嫉妒与愤怒。在不得已的情况下，也应该向儿童解释为什么他不能做某些事、不能得到相同的关怀。儿童若能培养忍受挫折的个性，就不会发展攻击性对付所有的挫折了。

三、观察儿童的行为

在咨询室里，儿童会表现出各种情绪情感，伴随着情绪也会表现出各种行为，儿童不同情绪下的行为表现如下：

当儿童生气或愤怒时会表现出哭、尖叫、顿足、踢脚、跳上跳下、敲打、躺在地上、身体僵直等。

儿童害怕时的一般反应是跑开、躲起来、逃离引起害怕的情况或是说一些话，如"把它拿开"，"我不要去"或是"我不会做"，并经常会啼哭或呜咽。

儿童对环境中任何新鲜、奇怪、特殊或神秘的东西，都作正向的反应，他会去接近它们、探究它们或操作它们。他很需要、也很希望了解更多有关自己或环境的一切。他为了知道更多，所以不断环视周遭，寻找新的经验，并加以不断的观察与探求。因此儿童可能会对咨询室里的摆设、东西或者咨询师，甚至接待人员感兴趣。

儿童愉快时，会微笑、欢笑——常常还会鼓掌、欢呼、跳上跳下或是拥抱使他高兴的东西或人们。

如果咨询师观察到儿童有异常行为，则要给予关注，这可能是由于儿童的防御机制，例如：抑制、回避、否认或分离的迹象，也可能正是造成儿童问题的关键原因。此外，问题儿童常有以下两种典型行为。

攻击性行为

攻击性行为是对他人或他人的财物具有负向冲动的行为。所有孩子在某些时段都会具有攻击性行为,但当攻击性行为持续下去、不断反复,或非常极端时,需要特别注意。

学龄前儿童的表现:攻击其他儿童或父母、故意损坏玩具、易怒。

学龄儿童和青春期男、女孩的表现:欺侮或攻击其他的儿童、残忍地对待儿童或动物、偷东西、说谎、干扰上课、逃学且具破坏性。

攻击性行为通常反映了儿童潜在的问题,例如:愿望未能达成,可能会让年幼的孩子产生挫折或愤怒。对各年龄层的孩子而言,家中或校内的不快都会导致这种行为。

退缩行为

退缩行为主要表现胆小、害羞、孤独、不敢到陌生环境中去。他们在家里只与父母接触,在熟悉的环境中,与自己熟悉的人相处时,在语言、情感、行为上都无明显异常。在学校里,除上课外,不愿与其他小朋友一起活动,甚至见了老师也低着头,沉默寡言,孤独不合群。缺乏儿童应有的生气,对新事物不感兴趣。当遇到陌生人,在陌生环境时害怕、紧张、局促不安。家里来了客人也会躲避、不肯出来见人。退缩行为大多发生在幼儿期,随着年龄增长与其他小朋友接触增多,退缩行为逐渐减少,有些持续到学龄期,则会影响到学习成绩和学校生活。

当咨询师观察儿童的各种行为时,应问自己以下问题:

(1) 这种行为是安静的,谨慎的,还是粗暴的,具有攻击性或破坏性吗?

（2）这个儿童是易分心的，还是能集中注意力的？

（3）这个儿童想尝试危险行为吗？

（4）这个儿童喜欢探险吗？

（5）这个儿童喜欢依赖咨询师吗？

（6）这个儿童对身体接触有什么反应？

（7）这个儿童是防御性的，还是主动寻求接触呢？

（8）这个儿童对自己的行为有恰当的界限吗？

（9）这个儿童表现出趋避冲突了吗？例如，想主动但又在等待。

四、观察儿童的智力和思维发展水平

皮亚杰将儿童思维的发展划分为四个大的年龄阶段：

感知运动阶段

从出生到两岁左右，这一阶段是思维的萌芽期，是以后发展的基础。这种思维方式更多依赖感知和动作的概括。也就是说，思维不能离开具体事物，也不能离开儿童的活动。这个年龄段的儿童不是借助于语言来思考，而是利用实物材料和手的操作来思考，他们离开了实物就不能解决问题，离开了玩具就不会游戏。自身的操作和活动、具体的玩具材料对思维的发展非常重要。

前运算阶段

从两岁左右到六七岁左右，表象或形象思维萌芽于此阶段，这时儿童开始以符号作为中介来描述外部世界，重现外部活动。此时儿童的思维特点有三：一是具体形象性；二是不可逆性；三是知觉集中倾向。这充分表现在儿童的延缓模仿、想象或游戏之中。

具体运算阶段

从六七岁左右到十一二岁左右，在这个阶段，儿童已有了一般的逻辑结构。这一阶段是前一阶段很多表象融合、协调的逻辑思维，该阶段出现了具体运算图式，其特点是守恒性和可逆性。

形式运算阶段

从十一二岁左右到十四五岁左右，抽象逻辑思维经过不断同化、顺应、平衡，就在旧的具体的运算结构的基础上逐步出现新的运算结构，这就是和成人思维相接近的、达到成熟的形式运算思维，其思维能力已超出事物的具体内容或感知的事物，思维具有更大灵活性。

将以上思维阶段理论作为对儿童的智力和思维水平进行考查的参考，由此推论出儿童的智力和思维发展水平处于同龄人的什么位置上。例如：对一个4～8岁的儿童来说，通过让儿童做某项具体任务，例如猜谜，叫出身体各部分的名称或者识别颜色，可以反映出其最基本的智力水平；对年龄稍大一点的儿童，就观察他们解决问题，并使之概念化的能力，以及洞察力指标；无论儿童是否有时间概念，都可询问他们最近发生了什么事情，以及事件的地点和人物等具体细节；通过检查儿童是否有现实感，其思维组织能力是否正常，咨询师会发现儿童的异常思维模式，例如妄想和幻想。

五、观察儿童的言语和语言

在与儿童交谈时，咨询师可以对儿童的言语和语言技能进行初始评估。例如，儿童不能与人流利地交流挫折经历，或者儿童依赖于非言语的交流方式。另外，还可能发现儿童口齿不清、咬舌、结巴等症状。对儿童言语和语言的观察可以发现儿童是否存在语言发展迟缓的线索。

语言发展迟缓是一种由于大脑发育原因而造成的语言发展滞后，即与同年龄、同性别的正常孩子相比较，某些孩子的语言发展出现了显著的迟缓现象。其表现为[1]：

接受性语言发展迟缓

患有接受性语言发展迟缓的儿童，1岁半还不能理解简单的言语指令。他们能够对环境中的声音做出相应的反应，而对有意义的语言却毫无反应。

表达性语言发展迟缓

患有表达性语言发展迟缓的儿童，1岁半时能理解简单的言语指令，根据言语指令做出相应的反应，在学习说话的时候能发出一些语音，但是常常不能很好地组词，学了新词就忘了旧词，因而词汇十分匮乏，语句生涩难懂，尤其是学习语言的速度比一般儿童慢得多。

---

[1] 来源：台州信息港《关注儿童语言发展迟缓》http：//www．tzinfo．nethttp：//girls．tzinfo．net/showDetail.asp？id＝21626

语言发展迟缓儿童虽然已经到了一定的年龄，但仍不能听懂和表达语言。其表现为：要么完全不说话，要么说出的词句数量极少；任何时候说话都没有连贯性；很少回答他人提出的问话；婴儿时期语言很多，但发音不清楚；对父母说的话好像听不明白等。

这些儿童的智力发展一般都正常，内在语言发展也正常，喜欢用手势和眼神表达自己的情感和需要，也愿意与他人做各种不需要语言交流的游戏。由于语言交往方面的困难，这些儿童可出现焦虑、退缩、执拗、遗尿、吮吸手指、依赖母亲、对人不关心、不能和小朋友一起玩、很难管教、心神不定等行为问题。

对儿童在语言发展上出现迟缓现象做出判断时，总是和各个年龄阶段相称的正常儿童语言发展状况相比较，以语言的长度、发音能力、句子的结构、对语言的理解能力等方面发展作衡量。在现实中，使用这些标准并不明确，因为对语言的发展具有影响力的多个因素的速度和内容也是因人而异的，不同个体往往表现出非常显著的差别。因此，充分的考虑对语言发展迟缓的现象做出恰如其分的判断是必要的。

语言发展迟缓的儿童在生活或多或少总能感受到其父母的焦虑。这种焦虑本身就给儿童造成了很大的压力，因此，在咨询中，咨询师也给儿童提供一种不同于其父母的宽松无压力的交流氛围。咨询师要激发儿童说话的愿望，积极地理解儿童的各种各样的表现，即使儿童是用身体摇动、面部表情和含混的发音来表达意思，也要鼓励他，给予奖励，使他得到语言表达的满足感，产生表达个人思想的欲望。对语言发展迟缓儿童咨询的最基本的策略，就是使孩子体验到表现的喜悦，具有一种想讲话的心情。

六、观察儿童的运动技能

在游戏治疗室中可以观察到儿童整体的运动协调能力。观察儿童在大部分时间是走、跳、跑，还是坐、蹲，并观察儿童是如何移动位置的，很容易还是很困难。观察儿童在躯体表达上是局促的还是自由的。焦虑的儿童有时在呼吸控制上会表现出差异，因此要注意其屏气、叹气或喘息的频率和强度。

对儿童运动技能的初步观察有助于与动作技能障碍相鉴别。动作技能障碍的表现是多样的，且程度轻重不一。常见的症状主要表现在肌张力异常、动作的计划性不足、动作的控制性失调、动作的持久性困难、动作的稳定性缺乏、动作的协调性缺陷六个方面。

大多数患儿从婴幼儿的发育早期开始就已表现出不同程度的运动发育迟缓或异常，表现为肌张力异常、动作姿势转换困难、精细或粗大运动的共济协调能力明显低于其年龄应达到的水平，而年长儿童主要表现如下[①]：

动作笨拙（clumsiness）

常指简单运动动作本身无异常，但复杂动作组织能力障碍或不成熟，完

---

① 麦坚凝．（2004）．儿童运动技能障碍．中国实用儿科杂志，19（12）：760～763

成技能性动作笨拙，尤其做精细动作慢，动作幅度大，常呈反射性，效率低；难于长时间维持静态姿势。这些儿童投掷物品易出现身体失衡、手眼协调能力差。表现为不能顺利走纵横交错的迷宫，搭积木、搭建筑模型、玩球、描画和认识地图能力也很差等。这些儿童的社会适应能力可能会受影响，尤其学习方面受到影响，出现书写困难。这些儿童除在组织、计划和实施复杂动作时有困难外，常有知觉、思维异常，语言可能有损伤、迟缓，可有某种言语困难（特别影响到发音清晰度），咀嚼困难等。

偶然动作（adventitious movement）

患儿多伴有连带动作、舞蹈动作、震颤、肌肉抽搐。其中连带运动最常见，可能是同源性（对称性）或异源性（不对称性）。抽搐通常发生在面部、口部、头部、颈部和膈肌。

运用障碍（dyspraxia）

也称协同障碍，运动技能障碍的儿童尽管肌力、感知觉均正常，实施运动的各神经肌肉结构是完整的，但不能组织实施一系列有效的随意动作和完成技巧性动作，或学习技巧性动作有困难。

特殊技能运用障碍（specific dyspraxia）

表现为书写不能或书写困难、绘画和建构障碍、运动性语言障碍等。

神经软体征（neurologic soft signs）

神经系统软体征代表一组异源现象，常发生于年龄小的儿童，随着年龄增长而消失。如果超过一定年龄（8~9岁）仍有该体征，则属异常。

七、观察儿童的游戏

游戏是儿童的主导活动。儿童的游戏因其年龄和发育的不同而不同。因此在对观察到的现象进行比较前有必要了解一般儿童的游戏。一般而言，要观察儿童的游戏是否有与其年龄相称的创造力、刻板性、重复性或限制性，例如，儿童是否在玩沙盘的时候，用容器反复把沙子装进倒出，而不玩别的？咨询师要观察儿童在游戏中是否表现出退行性、幼稚性或者伪成熟。

如果儿童能主动发起游戏，咨询师就没必要参与，除非是想进行干预。咨询师要自然地退到一个不险要的位置上观察儿童在玩游戏时的表现。此外，咨询师还要观察游戏的质量以及游戏是否是有目标，是否按照合理的顺序发展，游戏材料的使用是否恰当。

无论游戏是具有创造性的还是刻板的，都是儿童成熟性发展的指标。例如，儿童可能会用一个替代物来代表购物推车。这意味着儿童已具备了一定的生活经验，并在游戏中有所反映。

3～5岁儿童的游戏是非常具有想象力和创造力的，因此观察这个年龄的儿童游戏时，咨询师要认识到对幻想的表达是发育正常的表现。

此外，游戏中儿童的情感模式和强度也是观察的重要内容。

儿童在游戏中获得的经验包括了身体、认知、情感、社会性等各个方面，对儿童的发展具有统整性，并且，这些经验来源于儿童自身，是一种有意义的经验①：

儿童1（以下简称儿）：吃完饭我们去海边，那里有海盗。

儿2：海盗在哪？在海边？（爬上地毯，假装找寻海盗）

儿1：你们有没有看见海盗？

儿3：看见了，他们在船上！

儿1：我们赶紧躲进山洞吧！

儿2：好！

儿1：山上有老虎，要小心。

儿3：看，凯凯受伤了，我们去救她。

儿1：把她带过来。

儿2：放在地毯上吧，我去烧开水，给她洗洗澡，你们去买点吃的回来。

在这个游戏中，儿童显示了各种相关的社会生活经验，游戏可以被解释为对这些经验的学习和理解。游戏之外的生活是游戏体验的主要来源，要使得儿童有丰富的游戏体验，关键是要在生活中培养儿童进行体验的倾向。

自闭症儿童的假扮游戏非常少。不仅与同龄的正常儿童相比，而且与年龄稍小的正常儿童相比，甚至与具有同样技能和语言能力的弱智儿童相比，自闭症儿童所玩的假扮游戏或符号游戏都是非常有限的。同样是玩耍物体，

---

① 中国学前教育研究会. http://www. cnsece. com/Page/2007-4/298378200742121246. html

自闭症儿童缺乏幻想，非自闭症儿童富于幻想。因此，是否具有幻想是区分自闭症儿童和非自闭症儿童显著特征之一。其次，在自闭症诊断领域，咨询师首先会询问父母他们的孩子是否玩假扮游戏。

自闭症儿童之所以只能从事难度较低的游戏，是因为他们对物体的兴趣较低。如果完全让自闭症儿童自己决定的话，他们不会像正常儿童和非自闭症的弱智儿童那样倾向于玩耍物体。他们会毫无目的地闲逛，既不愿意耐心细致地运用物体来做游戏，也不愿意和其他儿童进行交流。他们喜欢用物体玩那种并不需要太多假扮行为的游戏。他们或者把物体叠放，或者把物体旋转，或者把物体排成直列，所有这些并不需要任何假想。要知道，儿童的游戏常需这样的假想：设计角色的动作、目的、感受和情感。否则这出游戏便无法"上演"。因此，咨询师要注意儿童所进行的游戏的类别，以发现儿童是否存在异常。①

八、观察儿童与咨询师的关系

咨询关系是指咨询师与来访者之间的相互关系，建立良好的咨询关系是心理咨询的核心内容。咨询关系的建立受到咨询师与来访者的双重影响。就儿童而言，其咨询动机、合作态度、期望水平、自我觉察水平、行为方式

---

① 中 国 特 殊 教 育 网 ．http：//www．spe-edu．net/Html/gudujiaoxue/20070905151507438．html

以及对咨询师的反应等，会在一定程度上左右咨询关系，其咨询态度对咨询关系的建立和发展具有更为重要的影响。无论儿童有什么问题，都会在人际关系中有所反映，因此，咨询师通过对咨询关系的观察就可以获得儿童人际关系的第一手资料。

观察儿童与咨询师关系的另一个重要方面是移情。咨询关系有别于亲子关系，在咨询过程中，如果存在移情与反移情，咨询师则可能犯了将咨询关系等同于亲子关系的错误。

在咨询过程中，儿童的热情、友好、目光接触、社交技能水平和主要交互风格都能为咨询师提供信息。咨询师要注意儿童是否具有退缩、孤立、友好、信任、不信任、竞争、消极、合作等表现。其中的大部分信息都可以通过观察儿童与咨询师的关系得到。

当儿童讲述自己的故事时，咨询师要表现出兴趣，不是假装有兴趣，而是出于对儿童的关注而真正对其故事感兴趣。为了让儿童能顺利地讲下去，咨询师要使用积极倾听技巧。可能儿童的讲述是杂乱无章的，甚至已偏离了咨询内容，但咨询师最好不要生硬地打断或扭转儿童的诉说，因为这正是儿童在现实生活中常常遭遇的事情，这正是他们的父母，老师常对他们做的事情。儿童可能因为发展的局限性不能非常有条理组织自己的语言，但在他们杂乱无章的诉说背后，是他们最真实的生活体验。

体验本是儿童天然具有的一种态度，但是成人往往按照自我的常规思维，以功利的态度或是扼杀或是忽略幼儿童的体验，使得它有丧失的危险。比如说儿童在快乐地涂鸦时成人非要他画出一个"东西"来，在看蚂蚁搬家时却被父母拉过去读"ABC"，在幻想时被责为"不切实际"等。不仅应该让儿童保持可贵的体验，而且应该在与他们的对话中激活、深化儿童的体验。

儿童（以下简称儿）：我最喜欢花猫了。

咨询师（以下简称咨）：要是你是花猫，你想一想会发生什么？

儿：我可以整天在窝里睡觉。

咨：我上街的时候可以把你放在我自行车前面的小篮子里。

儿（笑）：我可以在桌子底下吃饭。

咨：我每天去钓小鱼给你烧汤，你负责先去挖蚯蚓。

儿：蚯蚓藏在地底下，吃很多的土，吃得很胀啦，动不了啦。

咨：下雨的时候钓鱼也许很有趣，你想一想会是什么样子？

儿（闭上眼睛）：很凉快，池塘里的青蛙都躲在叶子下。

咨：雨是湿的。

儿：我们可以带上伞。

咨：最好是戴上草帽，手就不用拿伞了。

儿：小鱼都跑来看雨，结果看见了我，吓得全跑光啦！我是花猫呀！

咨：我们可以躲在草丛里，偷偷地。

儿：好。钓了很多鱼，可香了。

咨：雨越下越大了，怎么办？

儿：我的毛全湿了，要躺在炉子边上烤，炉子上面烧鱼汤。

咨：然后呢？

儿：烤呀烤的，烤呀烤的。（笑）

咨：怎么了？

儿：尾巴烤糊了。

这是咨询中咨询师与儿童之间的语言"游戏"，它没有一个"学习"目的，只是咨询师与儿童玩而已，它有一种轻松愉快的气氛，双方都在体验中去想象和表达。对于父母和教师而言，生活中这种无目的的对话并不多，大多数情况下成人都想要孩子"学点什么"，想要把一个知识和规范的目的给孩子，对自由的、娱乐的体验并不重视。所以咨询师要在维持儿童体验完整的前提下，和儿童共同体验和交流，而不要朝一个功利目的去进行干预，这才有可能获得儿童的信任，与儿童建立融洽的咨询关系①。

第二节　积极倾听

积极倾听是建立良好咨询关系的基础。积极倾听既可以表达对儿童的尊重，同时也能使其在宽松信任的氛围下诉说自己的烦恼。因为儿童的心理问题往往是由于其在现实生活中缺乏安全感所致，所以为其营造一个安全的咨询氛围是极其重要的。

---

① 中国学前教育研究会．http://www. cnsece. com/Page/2007-4/298378200742121246. html

积极倾听不仅要用耳，还要用心。不但要听懂儿童通过言语、表情、动作所表达出来的东西，还要听出儿童在交谈中所省略的和没有表达出来的内容或隐含的意思，甚至是儿童自己都不知道的潜意识。有时儿童说的和实际的并不一致，或者儿童避重就轻，自觉不自觉地回避本质性问题。正确的倾听要求咨询师以机警和共情的态度深入到儿童的感受中去，细心地注意儿童的言行、注意对方如何表达问题，如何谈论自己与他人的关系，以及如何对所遇到的问题做出反应。例如，儿童说到与小伙伴抢玩具时，他可能会说：①我抢了他的玩具；②他抢了我的玩具；③我们俩抢玩具了。从这些不同的表述中，可以洞悉有关儿童的自我意识的线索。因此，儿童的诉说方式有时往往会比事件本身更能揭示问题。

咨询师通过观察和倾听来获取儿童的信息，使用这些技巧有助于促使儿童讲述他们的故事，这样我们就能分辨出其中的问题事件。咨询师必须使儿童知道：我们在认真听他们讲，并且很感兴趣。不幸的是，有些儿童没有被给予足够的尊重，他们被成人忽视了。

儿童如何知道咨询师在认真倾听的呢？儿童如何知道咨询师很重视他们呢？咨询师怎么才能让这些儿童知道愿意进入他们的世界，并尊重他们的世界观呢？使用积极倾听技术就可以做到这一点。积极倾听包括以下四种成分：

一、非言语行为

咨询中会出现大量非言语行为,或伴随言语内容一起出现,对言语作补充、修正,或独立地出现,代表独立的意义,在咨询活动中起着非常重要的作用。

咨询师应把自己的非言语行为融入到言语表达中去,渗透在咨询过程中,这是增强儿童——咨询师间关系的有效方法之一。因此并非只是嘴巴在参与咨询,而是整个人在参与咨询。是否能赢得儿童的信任、好感,很大程度上取决于非言语行为的传达。咨询时,倘若咨询师说,我尊重你,我关心你的喜怒哀乐,然而眼睛却东张西望,双手交叉在胸前,跷着二郎腿,晃荡着椅子,这种动作、神态很难使儿童相信咨询师对他的关注。有时儿童兴致勃勃地讲着什么,而咨询师对叙述的东西不感兴趣或心中有事,就会有意无意表现出不耐烦,这种信息会影响到儿童的积极性,让他感到扫兴、失望。

在传递非言语行为的所有部位中,眼睛是最重要的,目光接触可以传递最细微的感情。很多时候,儿童在讲述自己的事情的时候,眼睛避免看咨询师,一方面这是由于怕被岔开话题,讲者要比听者更少注视对方。另一方面则可能是另有隐情,例如产生了阻抗或者所讲述的并不是实情,或者不是全部实情。儿童在说话时正视一下咨询师,则表示在说话停顿时,咨询师可以打断他。假如儿童停顿了,但不看咨询师,说明他的思路还没有断,这其实是在说:"我还没说完呢,让我想想。"如果咨询师不合时宜地打断儿童的叙述，可能会转移儿童叙述的主题，甚至会使一些重要的线索中断。

如果在儿童的讲述过程中，咨询师对儿童进行扫视，这传达给儿童的信息是"我不同意你说的"，"我怀疑你说的话"，如果配上摇头、皱眉等其他非言语行为，这种信息就更明确了。一旦被儿童觉察，就可能对儿童造成伤害，甚至会引发其问题行为。

如果儿童讲完某句话或某个词后将目光移开，可能表示"我也不肯定""我也没把握"。如果别的表情、动作以及声音也透露出讲话者的心虚、疑惑，那么这就需要引起咨询师的注意了，此时需要确认：儿童所说的话真实性如何，是否有所隐瞒。

需要注意的是每个儿童的最佳目光接触水平是不同的。有些儿童认为回避目光接触或者在说话时干别的能让他们感觉更舒服，谈话更自在。

有时候，咨询师模仿儿童的动作会起到非常奇妙的作用。例如，如果儿童坐在地板上玩沙盘，咨询师也照儿童的姿势坐在地板上。咨询师在做这些的时候一定要随意自然，否则就会显得很做作，而且会使儿童因咨询师的动作不协调而感到局促不安。这种模仿会使儿童知道咨询师在认真倾听他说的话。此外，还要模仿儿童说话的语速和语调。这样不仅会使儿童觉得咨询师在认真倾听他们，而且一段时间后，情况会发生变化：咨询师模仿儿童一段时间后，儿童也开始模仿起了咨询师。这时候咨询师就开始起引导作用了，如果咨询师模仿的是一个表达很激动的儿童，刚开始彼此的语速，语调还有呼吸频率都非常急促，慢慢地，他们的语速和呼吸都缓缓下来，坐得也更舒适了。儿童很可能随着咨询师的行为，渐渐放松下来。

二、最小化反应

当咨询师在倾听而不是与儿童交谈时，自然而然会使用最小化反应。对说话者来说，最小化反应意味着倾听者在参与。反应有时是非言语的，可能只是点点头。言语的最小化反应包括"啊哈""嗯""对""是""没错""然后呢"。较长的反应也有类似的功能，例如，咨询师或许会说"我知道你所说的""我理解"。

最小化反应（包括较长的反应）能促使儿童继续讲述他们的故事。咨询师在使用言语和非言语的最小化反应时，必须本着非判断的态度，绝不能给儿童传达赞同或反对的信息，例如，非常明显的一声"哇哦"可能会导致儿童按咨询师的信念和态度做出结论。这些结论可能会抑制儿童，可能会使儿童为了获得咨询师的赞同或避免不赞同而扭曲自己的故事。同样的，有些非言语最小化反应也会被误解为对儿童故事内容的判断。

作为一个咨询师，要注意最小化反应的节奏。如果过于频繁，会使儿童受到干扰或分心。记住，最小化反应不仅是一种表示正在倾听的标志，也是一种传递信息的微妙途径。因此应慎重使用，否则对咨询不利的信息会在不经意间传达出去。

三、内容反应

咨询师的非言语行为和最小化反应营造了一种和谐的咨询氛围，让儿童感觉到正在受到关注。儿童需要咨询师保证对尚未讲述的故事内容和细节感兴趣，不然就很难继续讲下去。一般而言，给予儿童保证最有效的方法是使用反应技术。

内容反应，也称释义或说明，是指咨询师把儿童的主要言谈、思想加以综合整理，再反馈给儿童。在使用反应技术时，表面上看来，咨询师只是把儿童讲述的内容重复了一遍。但咨询师不是学舌或逐句重复儿童说过的话，而是进行复述。咨询师选择儿童诉说的实质性内容，用自己的语言更清晰地重新表达，最好是引用儿童言谈中最有代表性、最敏感、最重要的词语。内容反应使得儿童有机会再次剖析自己的困扰，重新组合那些零散的事件和关系，深化会谈的内容。

以下是几个内容反应的例子。

例 1

儿童："我爸爸妈妈老是工作。爸爸老是不在家，他去北京，还有很多其他的地方。妈妈是老板，也老是不回家，还总喜欢指挥别人。"

咨询师："听起来你爸爸妈妈老是不在你身边。"

例 2（儿童在沙盘里玩小动物玩具）

儿童的陈述："来，恐龙，跳过这道坎，这边可好玩了。来，看着我，看，来，小顽固，到这儿来。我来帮你。我这就来跟你一起玩儿，看。"

咨询师反应："看来你的小动物想让小顽固回来跟它们一起玩。"

例3（儿童在玩娃娃屋）

儿童："我告诉过你不要把地板弄得那么乱。你最好把它打扫干净。你看你，把东西弄得到处都是，真淘气。"

咨询师："看来妈妈想让小男孩打扫房间。"

例4

儿童："测验的时候我把单词都拼对了，但蒂凡尼没有。她说的也不好。谁要是淘气的话就得去休息室待着。我从来没去过休息室。"

咨询师："你好像从来不惹麻烦，但蒂凡尼老惹麻烦。"

咨询师所做的就是清晰简洁地告诉儿童他所说的话中最重要的东西。这样儿童就会觉得咨询师在认真听他说话。但使用内容反应时，咨询师也要让儿童自己清醒地意识到他们说了什么，以此加强儿童对此的意识，这样儿童才能体会到他们所说内容的重要性，并能分辨出其问题所在。因此，内容反应有助于儿童的自我探索。

四、情感反应

像内容反应一样，咨询师也要进行情感反应（Reflection of feelings）。二者意思相近，但有所区别，内容反应着重于对儿童言谈内容的反馈，而情感反应则着重于对儿童情绪情感的反馈。当儿童在玩游戏时，情感反应也可用于对儿童故事中想象人物、象征物、游戏中的玩具动物的情绪情感。情绪往往是思想的外露，经由儿童情绪的了解进而推测出儿童的思想、态度等。情感反应是咨询师的关键技能之一，因为它能提升儿童对情感的意识，鼓励儿童处理而不是回避其情感。

情感反应最有效的方式是针对儿童现在的而不是过去的情感进行反应。例如"你现在好像对爸爸非常不满"比"你一直对爸爸不满"更有效。

情感反应最大的功用就是捕捉儿童瞬间的感受，但有时这种针对此时此刻的情感反应可能会对儿童的冲击太大，反而不如以过去经验作为情感反应的对象。

咨询中儿童往往会表现出混合情感或矛盾情绪，如既爱又恨，既有吸引力又有排斥力，如"我喜欢哥哥，但也挺讨厌他，""我想去学校，可心里又害怕。"发现儿童身上这些混合情绪的含义及其影响程度，意义颇大。经验丰富的咨询师常善于寻找儿童困扰中的矛盾点，从而进行突破。

儿童的情绪性词语，是观察其对周围环境认知的很好线索。比如儿童谈及自己的某个伙伴时，可能用"他可真有趣"或"他真讨厌"，这些词语往往表达了儿童的情感。咨询师可由此了解到儿童的思想、情感，同时通过情感反应，也使儿童更为清晰地意识到这些。

以下列举了一些描述情绪状态的感情词语：

儿童情绪状态词汇表

高兴	悲伤	愤怒
困惑	失望	惊讶
绝望	屈服	恐惧
担忧	满足	不安
拒绝	背叛	无助
责任	强烈	迷茫

这个列表上大多数词语都有反义词。咨询师要选取最恰当的词汇,以最恰当的方式来帮助儿童处理消极和不适的感情。咨询师必须面对这样的现实——要绝对消除儿童的消极感情几乎是不可能的,但咨询师能帮助儿童处理它们,这样他们就可以改变或适当地管理这些不良情绪。只有意识到这点,咨询师才不会对难以帮助儿童彻底处理这些负性情绪而感到内疚。

情感反应涉及一些含有情绪词语的陈述句,例如,"你很悲伤","你似乎很愤怒","你看起来很失望。"以下列举了咨询师进行情感反应的例子。

例1

儿童:"每次我问妈妈能不能去克伦阿姨家时,她总是说不行。这周是凯利去,下周该轮到我了。"

咨询师:"看来你很失望。"或者"听起来你很生气。"

例2

儿童:"发生车祸时,我哥哥连他最喜欢的狗都没带着。"

咨询师："你很伤心。"或者"听起来你很伤心。"

例 3

儿童的："在他们找到之前，我们快离开这儿。他们就要来了。"

咨询师："你好像很害怕。"

例 4（儿童在玩娃娃屋）

儿童："我告诉过你不要把地板弄得那么乱。你最好把它打扫干净。你看你，把东西弄得到处都是，真淘气。"

咨询师："妈妈听起来很生气。"

通常，儿童不想探索他们的感情，因为他们想回避与此有关的强烈情绪，例如悲伤、绝望、愤怒和焦虑。但是，探索情感意味着向更积极感情迈进了一步，而且有助于做出更合理的决策。

有时儿童会直接告诉咨询师他们的情感。例如，一个孩子会说："我非常生我哥哥的气。"但是儿童一般不会直接说出情绪上的感受，而是以非言语线索或者间接地谈论他们的情况。

如果咨询师想与儿童建立亲密的关系，就必须使自己的情感与儿童的情感相匹配，这样有利于分辨儿童的情感。通过实践，可能从儿童的姿势，面部表情，动作和游戏行为中分辨出情感，例如沮丧、悲伤或愤怒。

如果咨询师能正确地反馈儿童的情感，儿童很可能就会触及这些情感。如果这种情感是痛苦的，儿童可能会哭起来。但咨询师必须处理儿童的痛苦感情，即使这会暂时引发儿童的强烈痛苦。把愤怒反馈给儿童有时也会有显著效果。如果咨询师反馈愤怒时说："你很生气"或"听起来你很生气"，儿童可能会愤怒地回击反应，"我才不生气呢"，然而同时又在游戏室里发脾气。如果真是这样，咨询师不应感到惊奇，而是应为儿童能把自己想掩饰的愤怒表达出来而高兴。当然，咨询师也可以通过别的方法鼓励儿童发泄愤怒。

总之，情感反应有助于儿童充分体验他们的情绪，享受释放情绪带来的轻松。一旦把情绪释放出来，儿童就能对未来有更清晰思考和更具建设性的选择。因此，情感反应是最重要的咨询技能之一。

五、内容反应与情感反应

一般情况下，内容反应与情感反应是同时使用的。例如，咨询师会把"你感到很难过"和"你说爸爸周末的时候不在你身边"说成"你很难过，因为爸爸周末的时候不在你身边。"这就综合了内容反应和情感反应两种技术。以下是同时使用内容反应和情感反应的的例子。

例1

儿童："我和莎莉经常在花园里玩王子和公主的游戏。他老是做国王，就坐在那块石头上，我们把它当做王位。可惜现在玩不了了，因为他去了天堂。"

咨询师反应："你很难过，因为再也不能跟莎莉一起玩了。"

例2

儿童："想躲也躲不开，那些大孩子老跟着我，就算告诉老师也没用。"

咨询师："你感到很无助，因为你对付不了那些坏蛋。"

例 3（与大孩子）

儿童："我把所有的科目按照我喜欢的顺序都写下来，赶紧交给妈妈，这样她就可以及时给老师了，可她没有。"

咨询师："你很生气，因为妈妈让你失望了。"

在对内容和情感进行反馈时，咨询师的反应应该简短，以免过度地干预儿童的内部过程。过长叙述会把儿童带离他们目前的体验，使他们脱离自己的世界而进入咨询师的世界。

咨询师需要判断何时是进行内容反应和情感反应，或同时使用两者的最好时机。有时甚至只是简短的内容反应或情感反应也会相当有效。

通过反馈帮助儿童把压抑的情感表达出来是有意义的。这使儿童集中注意于情感，从而更好地处理它。例如，如果咨询师说："你真的很难过，"这会使儿童开始认真思考自己所说的话，并尝试进行处理，而不是之前习惯了的回避。毕竟痛苦不会因儿童的回避而解决掉，它总会以某种途径发泄出来。因此，咨询师都要帮助儿童体验他们的情绪情感，而不是通过操纵儿童的"脑袋"，用理智去抑制它们。发泄本身就具有一定的治疗效果。

六、催化性概述

催化性概述是指咨询师把儿童的言语和非言语行为包括情感综合整理后，以提纲的方式再对儿童表达出来。催化性概述可以使儿童再次回顾自己讲过的事情，并使会谈有个暂停喘息的机会。催化性概述可用于一次会谈结束前，使儿童在离开之前整合并体验在咨询中所分享的事情，可用于一阶段完成时，也可用于一般情况下。只要认为儿童所说的某一内容已基本清楚就可作小结性概述。咨询师是依据儿童在咨询中诉说的大量话语来进行概述的。概述并不是对儿童所谈的话再一次重复，而是选取其中最突出和最重要的事情。

催化性概述是必要的。因为通常儿童会对自己讲述的细节纠缠不清。催化性概述会使儿童的故事更清晰、更有组织性，这样有助于儿童对自己的事情形成一个完整的理解。如果一个儿童向咨询师诉说了好长时间，呈现出大量信息。其中有很多例子关于他们父母的，父母经常不在身边，爸爸还老说话不算数。此时儿童的语气和面部表情表达出他非常难过。咨询师该如何进行催化性概述呢？恰当的概述是："你说你很难过，因为当你需要爸爸妈妈的时候他们经常不在你身边，而且你爸爸还经常说话不算话。"这种说法会使儿童把很多复杂的令人迷惑的信息结合起来，形成一个比较清晰的概念，由此努力去讨求解决问题的方法。

上述各种催化性技术都在于引导儿童有序地探讨自己的种种困扰，可起到促发自我探索、澄清的作用，并使咨询师对儿童的种种念头和感情易于接受。

【本章小结】

主要的催化性技术有观察和倾听。儿童咨询中要观察的主要有以下几个方面：一般表现、情绪情感、行为、智力和思维发展水平、言语和语言、动作技能、游戏、与咨询师的关系等；倾听包括非言语行为、最小化反应、内容反应、情感反应和催化性概述等。

【思考与练习】

1. 在咨询中，咨询师该如何对儿童展开观察？

2. 怎样使用内容反应和情感反应？

【阅读链接】

1. 郭念铎．(2005)．国家职业资格培训教程——心理咨询师（三级）．北京：民族出版社

2. 麦坚凝．(2004)．儿童运动技能障碍．中国实用儿科杂志，19 (12)：760～763

3. 林崇德．(2002)．发展心理学．杭州：浙江教育出版社．

4. 廖凤池，王文秀，田秀澜．(1997)．儿童辅导原理．台湾：心理出版社

5. 杰洛德·布兰岱尔著，林瑞堂译．(2004)．儿童故事治疗．台湾：张老师文化事业股份有限公司

第五章　儿童心理咨询的影响性技术

【本章学习提示】

如果咨询师能够娴熟地应用上一章介绍的各种技巧，那么咨询师所需的大部分信息会自然涌现出来。因为这些技巧有助于营造一种良好的咨询关系，在这种氛围里，儿童受到鼓励，能够与咨询师分享引起情绪压抑的问题。但是有时很多儿童的问题太痛苦了，面对它们需要极大的勇气。咨询师需要做的就是帮助儿童能全部或部分地意识到埋藏在潜意识中的问题，在做这些时，咨询师需要一定的影响性技术。所谓影响性技术，是指在双方已建立良好安全关系的前提下，咨询师尝试带领来访者更深层次地探索困扰他的问题以及所处的情境，包括：提问、自我陈述、挑战信念、行为改变等。

【本章学习目标】

通过本章的学习，将实现以下学习目标：

- 提问

- 陈述

- 挑战不合理信念

- 行为改变技术

- 阻抗和移情的处理

第一节 提问

儿童特别喜欢发问，而且总是能有"童言无忌"的回答，因此，成人总是喜欢问儿童问题，期待能得到有趣的回答，也期待儿童自己能问出有趣的问题来。但如果你观察游戏时的儿童，就会发现他们很少互相问问题，他们更多的是说自己在做什么或者伙伴在做什么。所以，如果咨询师老是问儿童问题的话，就永远发现不了儿童真正想的或经历的东西，同时也可能误导出不真实的答案。新咨询师通常会频繁地问问题，但并不清楚提问的目的是什么。如果目的是促使儿童谈话的话，那么就用错方法了。通常情况下，反应而不是提问更能鼓励儿童继续讲述他们的故事。恰当地提问有助于提升儿童对重要问题的意识，促进儿童的改变，但提问要适当。问题有两种主要类型：封闭性问题和开放性问题。

一、封闭性问题

封闭性问题是指有具体答案的问题。封闭式问题一般用"是不是"、"对不对"、"要不要"、"有没有"等词发问。答案也是"是"、"否"式的简单回答，或者用几个具体的词语就可回答。这种询问常用来收集资料并加以条理化，澄清事实，获取重点，缩小讨论范围。当儿童偏离正题时，用来适当地中止叙述，并避免会谈过分个人化。以下是几个封闭性问题的例子：

(1) 今天你是开车来的吗？

(2) 你几岁了？

(3) 你喜欢毡笔吗？

(4) 你怕哥哥吗？

(5) 你生气了？

(6) 你喜欢学校吗？

以上问题的答案可能是以下内容：

(1) 是

(2) 6

(3) 不

(4) 不

(5) 是

(6) 是

有些儿童可能会对答案有所扩展，但有些儿童可能不会。使用封闭性问题的缺陷在于：

• 儿童可能会给出一个事实的回答，并且不再进行扩展。

• 儿童若以一种有意义的方式回答问题，会感到限制或不自由。

• 儿童会等待另一个问题，而不是畅所欲言。

有时为了获得一些事实信息，有必要问一些封闭性问题。但是，通常咨询师的目的是鼓励儿童对重要问题敞开谈论，而不会感到限制。这就需要开放性问题。

二、开放性问题

开放性问题通常使用"什么"、"如何"、"为什么"、"能不能"、"愿不愿意"等词来发问，让儿童就有关问题、思想、情感给予详细的说明。

一般带"什么"的问题往往能获得一些事实资料；带"如何"的问题往往牵涉到某一事件的过程、次序或情绪性的事物；"为什么"问题引出对原因的探讨；"愿不愿意"、"能不能"问题促进儿童的自我剖析。不同的询问词具有非常不同的效果，但都给了儿童足够的自由来探索相关问题和情感，而不是只引发出一个词的回答。以下开放性问题的例子：

(1) 你是怎么来这儿的？

(2) 你跟哥哥之间的关系怎样？

(3) 你能告诉我一些你家里的事吗？

(4) 你觉得怎样？

(5) 你能告诉我一些学校的事情吗？

每个问题都能让儿童不受咨询师限制，自由地思考问题，给出充分的扩展性答案。例如，"你能告诉我一些学校的事情吗？"的答案可以是：

(1) 我的学校很大，人很多。

(2) 学校里有男孩子，他们什么也干不好。

(3) 我学校离家很远。

（4）学校很有趣。

（5）夏天的时候，学校里很热。

开放性问题的答案不仅包含的信息量大，而且还可以让咨询师使用内容/情感反应鼓励儿童继续下去。开放性问题使儿童谈论的是他们自己认为有趣或最重要的事情，而不是咨询师感兴趣的事情。例如，开放性问题"告诉我一些你哥哥姐姐的事情"，儿童可能会集中于一个家庭成员。这样的回答含有丰富的信息，咨询师不需要直接寻找，就知道了这个家庭成员在儿童生活中的意义。

使用开放性问题时，应重视把它建立在良好的咨询关系基础上，离开了这一点，就可能使儿童产生一种被询问、被窥探、被剖析的感觉，从而产生阻抗。同一句话，因咨询关系的不同，会产生不同的效果。有些询问尤其要注意问句的方式，询问的语气语调不能咄咄逼人或指责。

综上，提问应遵循以下原则：

（1）只问必要的问题。

（2）适当使用开放性问题。

（3）避免使用"为什么"问题，除非是必要的。

（4）永远不要为了满足自己好奇心而提问。

对于第三条原则：避免提问以"为什么"开头的问题，因为这样的问题可能会使儿童给出编造的答案，而不是真实所发生的事情。"为什么"问题会引发与问题有关的答案或者与儿童的外部而不是内部经验有关的答案，这些答案缺乏情绪内容，通常是琐碎的和不可信的。"为什么"问题的答案可归类为借口和合理化。

对第四条原则，作为一个咨询师，在搜集信息之前，确定是否真的需要问这个问题。在问问题之前，问自己"如果我没有这些信息，还能有效地帮助这个孩子吗？"如果回答"是"，那就没必要再问这个问题了，因为想问问题的渴望只是来自于你自己的需要或好奇心而已。

第二节　陈述

咨询师的陈述是很有价值的，有助于儿童继续讲述自己的故事，并能提升儿童对自身问题和情绪的意识。咨询师的陈述有很多形式，其功能各不相同：

• 有的陈述允许儿童感受和表达特殊情绪。例如，咨询师可能对一个压抑着愤怒，平静谈话的儿童说："我生气的时候就大声说话。"这意味着允许儿童表达他们的愤怒。

• 有的陈述有助于咨询师在特殊时刻随机应变。例如，咨询师觉得儿童很尴尬时就说："如果我是你，我会觉得很尴尬。"

• 有的陈述可用于咨询师肯定儿童的优点。例如，咨询师可以说："能做到那些，你真的很勇敢。"

• 有的陈述可用于强调活动中的重要事件。例如，如果一个孩子在玩沙盘时觉得做出选择很困难，咨询师可以说："你选择玩具很困难。"或者"对你来说，选择想要的玩具真的很困难。"通过说这些话，咨询师对儿童的困难选择进行了反馈，也给了儿童探索行为的机会。

• 对儿童正在进行的事情，用非判断的陈述提供反馈。例如，咨询师可以说："我看见你用黏土堆了个洞。"与内容反应相似，这种反馈可以促使儿童探索自己所做的事情。

• 陈述可以提升儿童对活动以及咨询师建议的意识。例如，如果一个儿童正在玩木偶，一只木偶老鼠藏了起来，咨询师意识到这个儿童可能觉得自己是脆弱的，咨询师可以说："老鼠藏起来了，它是怕被抓到吗？"

第三节　处理自我概念和自毁信念

一、自我概念

自我概念是指个人对自己的认识，包括对自己存在的认识，以及对个人身体能力、性格、态度、思想等方面的认识。自我概念是在经验积累的基础上发展起来的。最初它是对个人的简单抽象认识，随年龄增长而逐渐复杂化，并逐渐形成社会的自我、学术的自我、身体的自我等不同层次。儿童的自我概念包括儿童是如何看待自己的以及他们的思维和信念。咨询师要启发儿童说出关于自身的想法，然后探索导致其自我概念的信念、想法和态度。

儿童的自我概念有以下特点：

（1）儿童的自我描述从比较具体的外部特征向抽象的心理特征发展。如回答"我是谁？"这样一个问题时，年幼儿童往往提到姓名、年龄、性别、家庭住址、身体特征、活动特征等方面，而年长儿童开始试图根据品质、人际关系以及动机等特点来描述自己。

（2）虽然儿童开始能用心理词汇来描述自己，但对自己的看法仍然基于自身的具体特征，并把自己这些特征视为绝对的和不可变更的。他们还不太理解自己的人格特征在不同场合可能会有所不同。

当儿童在咨询情境中被诱发出强烈情绪时，脑海里会立即出现那些棘手事件。在这些棘手事件中，儿童认为自己是有责任的——这种想法使他们觉得很内疚。例如，生活在暴力家庭中的儿童，通常觉得自己要为成人间的暴力负责。同样，遭受过性虐待的儿童会为自己之前的软弱而困扰，认为自己应为事情的后果负责。

当儿童把他们过去的或以后的体验解释为卑鄙、无能、不当、不忠、不坦白、淘气、下流或愚蠢时，就会发展出消极的自我概念。同样，如果儿童在一直关注的消极事件之外能记起某些积极事件的话，就能发展出积极的自我概念。通过对这些消极事件的"例外"的体验，儿童有可能建立另一幅关于他们自我概念的画面。这样他们就能开始积极地看待自己，并用积极的词汇描述自己，例如勇敢、正直、心灵手巧、细致等。

咨询师帮助儿童改变他们看待自己的观点和找到例外的方法之一是创造地使用比喻。比喻是通过别的东西来表达某种东西。比喻并不是直接对具体事物进行描述，而是使用其他画面和内容象征性地重现现实生活画面。

例如，咨询师要求儿童把自己比喻成一棵果树，画一幅画。儿童完成绘画后，咨询师就可以利用图画问儿童问题，例如"这棵树长在哪儿？是自己生长在一块土地上呢还是跟其他果树一起生长在花园里，或者跟很多相同的树一起生长在果园里？"问题的答案会让咨询师得到关于儿童生活的信息，在社交和人际关系中他们是如何看待自己的。"暴风雨来的时候这棵树该怎么办呢？"可探索儿童在应付恐惧时的自我概念；"冬天里这棵树会怎样？"用来探索儿童内在的力量和资源。通过这些事情，儿童会想起在生活中，有时他们的行为方式是积极的、有益的和适应的。例如，咨询师可要求儿童想想什么时候"树枝不会断？"，什么情况下"果树整年都结果子？"。

二、不合理信念

（一）不合理信念的特点

帮助儿童从新的视角看待自己后，咨询师就能帮助他们探索那些支持消极观点的不合理信念，不合理信念通常有以下三个特点：

1. 绝对化

绝对化是指人们以自己的意愿为出发点，对某一事物怀有认为其必定会发生或不会发生的信念，它通常与"必须"，"应该"这类字眼连在一起。如："我必须考好成绩"，"爸爸妈妈必须对我很好"，"大家都应该喜欢我"等。怀有这样信念的儿童极易陷入情绪困扰中，因为客观事物的发生、发展都有其规律，是不以人的意志为转移的。就某个具体的儿童来说，他不可能在每次考试都考高分，他周围的人和事物的表现和发展也不可能以他的意志为转移。因此，当某些事物的发生与其对事物的绝对化要求相悖时，他们就会受不了，感到难以接受、难以适应并陷入情绪困扰。

2. 过分概括化

这是一种以偏概全、以一概十的不合理思维方式的表现。一方面，表现为对自身的不合理评价。自己做错了一件事就认为自己一无是处，以某一件或几件事来评价自己的整体价值，其结果往往是导致自责自罪、自卑自弃，从而产生焦虑和抑郁等情绪；另一方面，表现为对他人的不合理评价。别人稍有一点对不住他就认为别人坏透了，完全否定他人，一味责备他人，从而产生敌意和愤怒等情绪。

3. 糟糕至极

这是一种认为如果一件不好的事发生了，将是非常可怕、非常糟糕，甚至是一场灾难的想法。这将导致儿童陷入极端不良的情绪体验，如耻辱、自责自罪、焦虑、悲观、抑郁的恶性循环之中，而难以自拔。糟糕就是不好、坏事了的意思。一个儿童讲什么事情都糟透了、糟极了的时候，对他来说往往意味着碰到的是最最坏的事情，是一种灭顶之灾。但对任何一件事情来说，都有可能发生比之更好的情形，没有任何一件事情可以定义为是百分之百糟透了的。一个人沿着这条思路想下去，认为遇到了百分之百糟糕的事或比百分之百还糟的事情时，他就是把自己引向了极端的、负性的不良情绪状态之中。

如果儿童出现以上的不合理信念，他们就会变得无能、焦虑和顺从，在人际关系上也会出现困难。因此，为了获得有益的治疗改变，儿童必须抛弃这些不合理的信念。咨询师要帮助儿童用有益信念代替不合理信念。有时，有必要请父母或照看者帮助儿童抛弃或替代不合理信念，父母是有责任帮助孩子学习有益且恰当的信念的。下表列出了儿童常见的某些不合理信念：

- 我要为爸爸打妈妈负责。
- 我太小了，什么都管不了。
- 男孩比女孩好。
- 我的待遇跟哥哥不同，这是不公平的。
- 我很调皮，所以妈妈不喜欢我。
- 我必须坚强，才能讨人喜欢。
- 我父母不该惩罚我。
- 我的行为必须恰当。
- 我必须总是对成人彬彬有礼。
- 表达愤怒是很糟糕的事。
- 我永远不要拒绝成人。
- 我决不能出错。
- 我必须总是赢家。
- 我不能哭。

除了以上信念，还有一种常见的与创伤有关的不合理信念。遭受创伤之后，有时儿童认为已经发生的消极改变是不可逆转的，生活再也不能恢复到正常的样子了。因此，生活中再也不会有新事情发生了，儿童开始觉得再也不能适应生活了。这是非常具有破坏性的信念，因为它使儿童不能摆脱创伤，不能跟上生活的步伐，不能重新享受生活。

（二）挑战不合理信念

挑战不合理信念的第一步是咨询师要把自己对他们的信念的感觉反馈给他们。以一个认为应为父亲打母亲负责的儿童为例子。在这个案例里，儿童认为"我应该为爸爸打妈妈负责。"接下来，咨询师要帮助儿童检验这种信念的正确性，这样做的目的是分辨出这种信念在多大程度上是儿童根据自己的经验产生的，在多大程度上是别人告诉他们的。例如，咨询师会问，"你怎么知道爸爸打妈妈是你的错？"儿童可能回答是父母告诉他的，即他的这种信念来自于父母。在这种情况下，咨询师应要求父母加入治疗过程，以改变这种信念。儿童的回答还可能说明他的信念来自于他对自己的行为与其父母行为间关系的认识。然后咨询师需要探索儿童思维背后的逻辑，并要求儿童尝试考虑另一种信念。例如"如果你打了某人，是你的错呢还是别人的错？"这样，咨询师可以提升儿童对他们曾经忽视的或自己不知道的选择。咨询师还可以提供其他儿童的经验，以供儿童比较。

挑战不合理信念可能会给儿童带来他们或许不喜欢的，一直在回避或仅是未注意的信息，但儿童必须接受这些信息，即使他们不想听到。例如，某个儿童不想面对他暴虐粗鲁的父亲，咨询师会耐心地让儿童逐渐接受现实。

在这个过程中，儿童逐渐了解一个事实：他们应为那些一直困扰他们的事情负一部分责任，负哪部分责任。帮助儿童分辨清楚哪些是他们该负的责任，哪些不是他们的责任。挑战不合理信念涉及以下内容：

- 反馈儿童目前的信念。

- 帮助儿童通过分辨信念来自于哪里，并检查这种信念的正确性。

- 探索儿童思维背后的逻辑。

- 帮助儿童探索其他可能的信念。

- 提升儿童对不接受信息的意识。

- 帮助儿童分清哪些是他们该负的责任，哪些不是。

- 使儿童能用恰当的信念代替不合理信念。

以下是两个关于挑战不合理信念的例子。

例 1：

一个生活在暴力家庭的男孩，他的家庭里有一种明确的信念就是：女性是劣等的，无权拥有与男性同等的权利。咨询师可以用以下方式反馈儿童的信念"你认为男孩比女孩好"。

为了帮助儿童检查这种信念的正确性，咨询师会问"你是怎么知道这是正确的？"儿童或许会说因为在他们家里男性享受更好的待遇。

此时，咨询师要提出其他可能的信念。例如，使用问句"什么事情妈妈能做爸爸却做不了？"或使用陈述句，例如"男孩和女孩不同"。然后咨询师帮助儿童认识到差异并不代表好坏，不同的性别有不同的优势。这种信息刚开始是不为儿童所接受的，但经过对某些问题的探讨后，儿童会逐渐接受。一旦儿童接受了其他信念，他就能意识到是他的不合理信念导致了那些困扰他的问题。

例 2：

一个儿童认为父母没有惩罚她的权力。在这个案例里，咨询师要将儿童的信念反馈给她，然后找出这种信念是来自于哪儿的。儿童可能会说"我妈妈也做了不该做的事，但怎么没人惩罚她?"由此，咨询师可从中得出儿童的不合理信念，即儿童逻辑的潜在前提是：这个儿童认为她跟父母是平等的，因此同样的行为就应该受到同样的待遇。为了让儿童也意识到这一点，咨询师可以问她"你最好的朋友小壮的妈妈也惩罚他吗?"或者"谁制定了家庭的规则，是父母还是孩子?"要对儿童有信心，他们最终能认识到在现实中父母对孩子是有一定控制权的，这样就能帮助儿童意识到他们不当行为不可避免地会招致惩罚。

(三) 重构

重构就是改变儿童认识世界的方式。要改变儿童对其世界的认识，需要提供额外的信息，这样就会使儿童以不同的更具建设性的方式认识他们的处境。重构有以下两种具体操作方法：

言语盘问法：咨询师通过一系列的提问来引导儿童重新评价自己的观念，寻找合理的替代想法。通常的提问为：你这样想的根据是什么? 有没有别的可能的想法呢? 如果这是真的，最糟糕的结果可能是什么? 例如，一个女孩抱怨她的哥哥老是督促她打扫房间。咨询师可以问"有没有可能是因为哥哥关心你，怕你因为房间太乱而被妈妈批评，所以才老是督促你呢?"。

行为试验：通过咨询师与儿童共同设计的行为作业来检验想法的真实性。例如：当儿童认为所有的同学都不喜欢他时，咨询师可让其亲自询问同学对他的评价。需要注意的是，一定要以"无丧失方式"进行，即不会给儿童带来任何损失、造成任何伤害的方式，鼓励儿童尝试，以免对儿童造成伤害，使问题更严重。

（四）正常化

很多儿童总认为自己是别人注意的中心，自己与别人是不一样的，自己是最特别的，认为自己言行举止必定会受到周围人的评价，因而表现被动、回避。有时，让儿童知道他们的想法，感觉或行为与其他的儿童一样的，这是有益的，这叫做儿童经验的正常化。例如，咨询师可以说"很多父母离婚的孩子都认为父母的离婚是他们的错。"在正常化时，要注意不要使儿童觉得他们的感觉被忽视了，从而觉得不舒服。

第四节　行为改变技术

一、探索选择

儿童过去不健康的生活环境使他们习得的行为既对自己无益，又是他人所不能接受的。例如，儿童或许会习得无原则地服从、攻击、欺骗或以退行的方式行事。现在他们需要习得如何以新的方式行事，并将重新面对新的选择。

如果儿童学会了更适应的行为，按说父母、亲朋好友应该为此而高兴，不幸的是，人们不喜欢改变。如果儿童真的成功改变了他们的不良行为，这就意味着那些与他们生活在一起的人也需要相应地改变他们的行为。例如，如果一个儿童习惯于顺从的行为方式，当他为了满足自己的需要而变得具有攻击性时，父母和其他人会觉得难以接受。儿童生活中的其他人也需要学习新的应对方式，刚开始他们可能并不喜欢这样做。结果，儿童行为改变后不得不应付他人的一些令人不愉快的反应，以至于他们的新行为会很快宣告失败。缺乏亲人的帮助使得儿童无力应付新情境，也缺乏实施新行为的环境。

如果儿童决定一定要改变行为，那么他们是在冒险，因为他们不能预料将会发生什么。旧的行为方式对他们来说反而更安全。当然，如果他们不做任何改变，他们会继续体验痛苦，而如果冒险改变的话，又可能面对新的痛苦。决定改变是困难的：儿童不仅要面对他们自己的感觉，还要面对他人的反应。

另一种困难是患得患失。通常我们会发现做出可能导致损失的决定要困难得多。如果儿童一向是以愤怒的攻击性的方式行为，与成人的交往方式是固执的、不合作的，但他可能在同辈之间获得尊敬并成为小团体里的领袖。经过咨询，儿童或许会深入地思考他的行为，可能会认识到他的行为对自己以及其他人来说是多么具有破坏性。但是，放弃这种不适应的行为也会导致损失：他会失去领袖的地位、权力、尊重以及对同辈的控制。儿童考虑是否决定改变其实就是在权衡他们失去的是否比得到的要多。除非咨询师能确认这一点，否则儿童很难做出行为改变的决定。

有些儿童很难做出决定，因为他们一直有一个不合理的信念是：只要是做选择，就一定有正确的选择，也一定会有错误的选择。但在现实生活中，决定往往是复杂的，不同的选择各有利弊。咨询师要帮助儿童认识到做出选择并不一定就是在对与错，黑与白中选择，大部分选择是一种折中。

仍以上述个案为例，刚开始这个儿童或许会选择压抑自己的愤怒，变得合作、顺从、屈服，变成一个追随者而不再是一个领袖。但是，咨询师的责任是是引入更多新的观念让儿童有更多的选择。除了压抑愤怒，咨询师要提供给儿童另一种不同的应对愤怒的方式——更加果断。咨询师引入主动的概念，代替顺从和屈服的概念。这样儿童就可以继续获得他人尊重，但却是通过不同的方式，不同的行为，他们可以继续保有领袖的地位，并在某些情况下具有恰当的控制水平。但我们必须记得，咨询师只能提供选择，不能说服儿童接受。儿童只可能执行他们自己做出的选择，也只有这些选择才真正适合他们。总之，探索选择涉及以下内容：

- 权衡选择的利弊。
- 考虑做出行为改变的风险。
- 现实地看待可能的损失或代价。
- 理解他人可能对行为改变做出的反应。

咨询师的工作就是帮助儿童考虑以上事情，儿童对未来的行为做出改变之后，咨询师要帮助儿童预演并练习理想的行为。

二、预演和练习新行为

在决定如何体验和实施新行为后，有些儿童发现使用新行为方式是有益的。通过制订计划，咨询师可以帮助儿童认清他们希望达到的目标以及如何达到。儿童开始相信他们缺乏实施新行为的技能，并需要咨询师的帮助来获取这些技能。

在上个案例中，经过咨询，儿童认识到了他过去的攻击性行为的破坏性和不适当性，然后就决定要减少攻击性（目标一）；但又想在同伴团体中维持一定的控制力，以使自己的需要仍能得到满足（目标二）。现在目标已分清，他们需要执行计划使目标得以实现。计划包括以下步骤：

（1）分清愤怒时的预警信号。

（2）学会如何应对愤怒（通过挑战不合理信念和使用其他控制技术）。

（3）学会果断处事。

（4）通过角色扮演练习以上步骤。

（5）在家庭、学校或社会环境中体验新行为。

（6）使他们的新行为为他人所适应。

制订好计划后，咨询师要帮助儿童实施。在以上的计划中，咨询师会在咨询情境中进行步骤一到步骤四，然后咨询师帮助儿童安排实施步骤五的时间进程。

当我们不得不实行一个新的困难任务时，我们通常会使用诸如时机不对这样的借口来推迟要做的事情。作为一个成人，推迟行动有时意味着没有行动。因此，咨询师也要意识到当儿童也想推迟那些新的困难任务时，这就意味着他们可能也会没有行动。探索合适的时间地点使儿童实施新行为是有益的。这种探索有双重功能：它能阻止儿童的拖延，也能警醒儿童在不恰当的时机实施新行为是冒险的。

对儿童来说，选择早上当家人都着急着准备去上班或去学校的时候实施一种新行为是不恰当的，这样的时间很可能会导致失败。因为出乎家人的预料，会使家人感到压力，以至于还是用以往的方式对儿童的新行为进行反应。因此，咨询师要跟儿童讨论什么时间才是实施新行为的合适时机。

儿童实施新行为后，咨询师要检查实施的结果并帮助儿童做必要的调整。咨询师必须给予儿童积极的反馈，以使儿童认识到尝试新行为是非常勇敢的。一个尝试新行为失败的孩子如果因其勇气受到赞扬的话，可能更进一步尝试。有必要的话，咨询师要与儿童的父母讨论，使父母做好应对儿童的新行为的准备可以确保儿童实施新行为时得到肯定和奖赏。

有时经过咨询儿童会成功发展出先前并不存在的意料之外的行为。这些行为对儿童来说是适应的，但对家人来说可能却不是这样。咨询师要提醒父母，儿童正在咨询过程中逐渐成熟和发展，儿童的本质正在发生着变化，所以他们的行为不可避免地会有些显著的变化。当出乎意料的行为出现时，父母需要耐心来应对这些行为。

第五节　处理阻抗和移情

一、阻抗

（一）阻抗的表现

阻抗是来访者对于心理咨询过程中自我暴露与自我变化的抵抗，它可以表现为对某种焦虑情绪的回避，或对某种痛苦经历的否认。儿童阻抗的表现形式多种多样，它可以是语言形式或非语言形式；也可以表现为儿童对于某种心理咨询要求的回避与抵制；或儿童对咨询师或其他人的某种敌对或依赖；还可以流露出儿童对特定认知、情感方式，以及对咨询师的态度等。阻抗意味着对抗，所有来自儿童内部的、与咨询过程相对抗的力量，都是阻抗。阻抗可能是意识的、前意识的或是潜意识的，阻抗的表现可能通过情绪、态度、想法、行为、冲动等来实现。它的本质来源于儿童内部的反向力量。

（二）处理阻抗

让儿童处理阻抗并继续讲故事不是一件很容易的事情，通常的情况是当咨询师通过反馈来解除儿童的阻抗时，儿童仍旧是退缩的。儿童或许会说"我不怕"（否认）以继续回避谈论有意义的事件。如果儿童坚持这么做，咨询师就不该再向儿童施加压力，而是允许儿童退缩，以便他们能自由自在地玩游戏，这能维持良好的咨访关系。然后，在适当的时候，咨询师再通过其他方式让儿童说出他们的故事，通常通过引入媒介就能做到。由于儿童已有充分的时间来处理已发生事情，咨询师也为他们提供了新的机会来讲述他们的故事，因此，他们或许能够面对并触及其阻抗。应用以上过程时应配合使用反应和总结技术。联合使用各种技术克服阻抗，帮助儿童能够直面阻抗并继续讲述他们的故事。

面对儿童的阻抗，咨询师首先要正视儿童的阻抗，让儿童明白他正在阻抗，继而搞清楚他为什么阻抗，他在阻抗什么，他在如何阻抗，在这个过程中，一定要留给儿童足够的考虑时间。咨询师在处理阻抗时，应注意以下几点：

1. 解除戒备心理

咨询师不必把阻抗问题看得过于严重，似乎儿童随时都会给自己出难题。若采用这种态度，可能会影响会谈的氛围及咨访关系。即使真发现了阻抗，也不能认为儿童是有意识地给咨询设置障碍。

当儿童表示不愿意接受某些建议或方法时，也不能把这些情况看作是一种阻力。咨询师要对儿童首先做到共情、关注与理解，尽可能创造良好的咨询气氛，接触对方的顾虑，使儿童能敞开心扉，向咨询师吐露自己的问题。这实际上已为会谈减少了一定的阻力。

2. 正确地进行诊断和分析

正确的诊断及分析有助于减少阻力的产生。儿童最开始谈的最多可能仅仅是表层问题，咨询若能及早把握其深层次问题，将有助于咨询的顺利进行。

　　有时，儿童某些人格特征，例如攻击性、退缩性等，不仅在平时的人际关系中表现充分，也会反映到会谈之中，咨询师首先应有明确的认识，然后用真诚的态度及高超的专业知识与技能取得对方的信任，排除会谈的阻力。

　　3. 以诚恳的态度对待阻抗

　　咨询师一旦确认存在阻抗，可以把这种信息反馈给儿童，但一定要从帮助对方的角度出发，并以诚恳的、与对方共同探讨难题的态度向对方提出。儿童的很多问题可能就是因为在现实生活中不能得到父母、老师、伙伴的理解所以才日益恶化，如果让儿童以为咨询师与其生活中的其他人一样也是对自己有诸多要求的，不能理解自己的，那么儿童的阻抗只会越来越强烈。所以咨询师一定要对儿童开诚布公，给予儿童充分的尊重和理解，以化解其阻抗。

　　咨询师要清楚并不是每次都能达到预定目标，尤其是使用简短治疗模式时，有少部分儿童不能克服阻抗。在这种情况下，咨询师有两种选择，一种是要认识到并承认儿童所处的困境，告诉儿童，也告诉儿童的父母或照顾者。咨询师可对儿童说"对你来说，谈论这些……（与事件相关的事情）是太难了（或恐惧、担忧等），如果你不想谈论这些也没关系"。然后，咨询师帮助儿童探索应对日常问题的实用策略。当然，这种方法没有诱导出强烈的情绪表达，但在短期内，这是必然的。此外，咨询师要告诉父母或照顾者由于儿童还没有准备好谈论敏感事件，所以疗效有限，等儿童能够谈论敏感事件时，再来接受咨询。

　　另一种选择是当儿童被阻碍了不能处理阻抗时，鼓励儿童在长期心理治疗中自由地游戏，直到咨询师与儿童建立了良好的咨访关系。这种方式能间接地处理阻抗，使儿童前进到"继续讲述自己的故事并触及强烈情绪"。

二、移情

（一）发现移情

儿童的移情是指儿童把对父母或过去生活中的某个重要人物的情感、态度和属性转移到了咨询师身上，并相应地对咨询师做出反应的过程。发生移情时，咨询师成了儿童某种情绪体验的替代对象。儿童对咨询师的移情通常有以下两种：

1. 正移情

正移情是指把过去对重要他人积极正向的情感投射在咨询师身上。发生在女性咨询师身上时通常涉及母亲的形象，而对男性咨询师，则通常涉及父亲的形象，即儿童把咨询师当作以往生活中某个重要人物，他们逐渐对咨询师发生了浓厚的兴趣和强烈的感情，表现出十分友好、敬仰的感情，对咨询师十分依恋、顺从。虽然病情有所好转，但来诊的次数越来越频繁，特别是无论大事小事都要咨询师给他出主意，表现出过分的依赖。

在这种情况下，儿童希望咨询师能满足他们所有的需求，但是咨询师不能这么做。因为咨询师的反移情，例如保护、爱抚或抚育等，虽然会暂时满足儿童的需要，但儿童最终会失望，而且会继续回避面对他们真实的母亲（父亲）所不能满足他们这种痛苦的现实。

2. 负移情

儿童把咨询师视为过去生活经历中某个给他带来挫折、不快、痛苦或压抑情绪的对象。在这种情况下，儿童会把他们对母亲（父亲）的负性情感投射到咨询师身上。结果，儿童在行动上表现出不满、拒绝、敌对、被动、抵抗、不配合，甚至攻击或打骂咨询师，咨询师的反移情会导致其对儿童发火或惩罚儿童。此外，儿童负移情的结果还可能是变得退缩、服从或顺从，对应的反移情的结果可能使咨询师变得没有耐心和愤怒。

（二）如何处理移情

第一，咨询师要学会区别是否真是移情。儿童表达自己的感情并非都是移情，只有当儿童把自己以前的情感反应转移到咨询师身上，把后者作为过去情感对象的替代，对咨询师抱有超出咨询关系的幻想和情感时，才是移情的表现。

第二，咨询师要认识到出现移情是心理咨询过程中的正常现象，透过移情，咨询师可以更好地认识对方，并运用移情来宣泄对方的情绪，引导对方领悟。比如，可以分析儿童为什么会对自己的言行反感，或者有特殊好感，"你好像不太喜欢我刚才的……"，"你能不能告诉我，为什么喜欢我？"儿童或许会说，之所以不喜欢是因为咨询师说话的语气像他整天爱唠叨的妈妈，咨询师问话的方式像某个老爱使唤自己的朋友，或者咨询师像自己最喜欢的一位老师，等等。儿童有时自己也不知道为什么，但经深入询问，一般能明白其中的原因。

第三，咨询师处理移情的适当做法是：

（1）处理面对儿童行为时自身的情绪问题。

（2）坚决抵制想以父母的方式行为冲动，并尽量保持客观。

（3）提升儿童对移情现象的意识。例如，咨询师会说："你似乎想让我像个好妈妈那样。"或者处理负性情绪"是不是因为你觉得我像你妈妈你才生气（害怕）？"

（4）利用咨询情境探索儿童对亲子关系总体上的感知，然后观察儿童在家庭中真实体验到的亲子关系。

第一步和第二步处理反移情；第三步提升儿童对移情行为的意识，并使儿童清晰地了解咨访关系不同于亲子关系，这样就可以减少儿童对咨询关系不现实的期望；在第四步中儿童积极地关注现实中与其母亲（父亲）的关系，而不是回避与咨询师不恰当的关系。

有时在第三步中儿童会否认移情，在这种情况下咨询师需要探索儿童的感情与第四步中的哪些状况有关，或如何前进到第四步。

在咨询情境中不可避免地会发生移情，咨询师需要时刻保持警惕以使其得到有效解决。尽管移情并不属于螺旋型治疗改变的进程，但儿童讲述故事的过程不仅受阻抗的影响，还受到移情的影响。如前所述，在咨询过程中发生移情和反移情是不可避免的，咨询师应鼓励儿童充分宣泄自己压抑的情绪，充分表达自己的思想感情和内心活动。儿童在充分宣泄后，会感到放松，再经咨询师分析，得以领悟，心理症状会逐渐化解。但移情和反移情如果被忽视的话，咨访关系会受到影响，这种改变会干扰甚至损害治疗进程。

如果咨询师觉得自己实在难以处理移情现象，可以转介给别的咨询师。

当咨询师发现移情和反移情发生时，就需要从咨访关系中暂时退出，以便尽可能保持客观。最好的方法是与督导谈论移情，以便能有效地处理推动其进入反移情状态的事件。在咨询情境中，咨询师需要时刻警惕以免使自己的行为像一个家长，这样才能保持客观和中立。

【本章小结】

提问与观察和积极倾听等技术的结合有助于儿童把他们的想法和情绪整合，让儿童能够重演创伤事件，宣泄负性情绪，并获得对过去创伤事件的掌控感。儿童自我概念的改变可以促进儿童产生新的体验和情绪的改变。为了消除创伤事件的负面影响，儿童需要探索和挑战不合理信念。他们需要区分在导致他们情绪困扰的事件中哪些是他们应承担的责任，哪些是别人应承担的责任。完成这些之后进入到了行为改变的阶段，该阶段首先要作出改变的决定，其次在咨询师的帮助下预演并体验新行为。最后，咨询师要认识到阻抗和移情来自于内心，咨询师对儿童阻抗和移情要敏感，善于利用阻抗和移情了解儿童的内心世界，保持中立，适时消除移情和阻抗。

【思考与练习】

1. 如何有效地使用提问？

2. 咨询师如何帮助儿童形成积极的自我概念？

3. 咨询师如何改变儿童的不合理信念？

4. 咨询师如何帮助儿童实现行为的改变？

5. 咨询师应如何处理儿童的阻抗？当阻抗不可避免时，咨询师该怎么办？

6. 什么是移情？面对儿童移情咨询师该如何处理？

【阅读链接】

1. 郭念峰．（2005）．国家职业资格培训教程——心理咨询师（三级）．北京：民族出版社

2. 麦坚凝．（2004）．儿童运动技能障碍．中国实用儿科杂志，19（12）：760～763

第六章 儿童游戏治疗

【本章学习提示】

儿童与成人不同，他们不能完全通过言语沟通来倾诉自己的问题，因此我们经常要使用游戏与儿童进行沟通，只要你能和儿童一同游戏，你就能了解儿童的任何问题。什么是游戏治疗？目前经常使用的游戏治疗模式有哪些？本章将逐一讨论这些问题。

【本章学习目标】

通过本章的学习，将实现以下学习目标：

- 儿童游戏与游戏治疗
- 以儿童为中心的游戏治疗
- 心理动力学派的游戏治疗
- 认知行为学派的游戏治疗

第一节　儿童游戏与游戏治疗

一、儿童游戏定义、特点和功能

（一）儿童游戏定义

心理学对儿童游戏的研究具有重大的贡献，20 世纪著名的三大游戏理论：精神分析学派的游戏理论、认知发展的游戏理论、社会文化历史学派的游戏理论，都是各心理学派研究的结果，它们促进了儿童游戏理论的发展。

1. 精神分析取向的儿童游戏

弗洛伊德认为游戏是儿童本能冲动的宣泄，儿童就是为了追求快乐、宣泄本能而游戏。他认为人格由"本我"、"自我"、"超我"三部分组成。"本我"是由一切与生俱来的原始本能所组成，服从"快乐原则"；"超我"是人格中最文明的部分，服从"道德原则"；"本我"与"超我"对儿童的要求是相互矛盾的、对立的，而"自我"成为二者之间矛盾的协调机制，使儿童在不违背道德原则的前提下，获得自我满足，服从"现实原则"。游戏部分是与现实分离的，"自我"在游戏中得到发展，儿童在游戏中寻求现实中不能实现的愿望的满足。儿童天生也有着种种欲望需要得到满足，但由于儿童所生活的客观环境不能听任儿童为所欲为，从而使儿童天性受到压抑，产生焦虑或抑郁情绪，导致捣乱、发脾气等不良行为。游戏能使儿童得以逃避现实生活中的紧张，为儿童提供了一条安全的情绪发泄途径，减少忧虑，发展自我力量，以实现现实生活中不能实现的愿望和冲动，使心理得到补偿。

2. 认知学派的游戏定义

皮亚杰指出用生物学的"同化"和"顺应"两个概念，来说明有机体的生命活动及其行为。儿童早期，由于认知结构发展不成熟，常常不能够保持同化与顺应之间的协调或平衡，要么同化大于顺应，要么顺应大于同化。当同化大于顺应，主体完全不考虑事物的客观特性，只是为了满足自我的愿望与需要去改造现实；当顺应的作用大于同化时，表现为个体重复行为，即具有模仿的特征。前一种则具有游戏的特征。游戏就是同化和顺应之间的不平衡，在游戏时儿童并不发展新的认知结构，而是努力使自己的经验适合于当前存在的结构。游戏的实质就是同化超过了顺应。游戏给儿童提供了巩固他们所获得的新的认知结构及发展他们情感的机会。

3. 社会文化历史学派的游戏定义

社会文化历史学派也称维列鲁学派，是苏联当代最大的一个心理学派别，主要成员有维果茨基、列昂节夫、鲁宾斯坦、艾里康宁等，他们以辩证唯物主义和历史唯物主义为基础，创造了与西方不同的游戏理论，主要观点是：（1）强调游戏的社会性本质，反对本能论。这种理论认为游戏的目的是培养儿童未来所需要的生活技能。（2）游戏是学前儿童的主导性活动，是儿童心理发展的有效促进手段。（3）强调教育在游戏中的作用，指出成人干预的重要性。他们主张游戏不会自然而然促进发展，孩子不会生来就会游戏的。

（二）儿童游戏的特点

虽然许多心理学家各自提出他们对游戏的看法和定义，但这些不同的看法都认为儿童游戏有以下特点：

1. 过程中充满了欢乐，具有身体的自发性、认知的自发性、社会的自发性

许多心理学家强调没有欢乐的过程就没有游戏。游戏是主动参与而非被动参加。儿童的游戏活动是自发自然的行为，而非被迫发生的。郭特弗瑞德（Gottfried，1985）提出关于儿童游戏的内在动机，主要有三种来源。一是认知的矛盾：儿童常常被不一致和复杂的事物所吸引，游戏即产生于这些认知的矛盾；二是能力：游戏是儿童控制环境的方法，通过游戏，儿童学习事物的特性及其变化；三是归属：当儿童游戏是由自我动机引起的，他们就会享受游戏活动本身，而不是为了获得外在的奖赏。

2. 游戏不受外在规则的限制

儿童游戏的规则通常是儿童自行协调制定的，非正式或正式的内在规则。游戏随着儿童和情境的不同而灵活变化，没有时间上的限制，强调游戏过程的随意性，想要继续玩下去就玩下去，想停止就停止，不在乎时间的早晚和长短。比如说：一群玩伴正准备玩"过家家"，刚决定谁当爸爸，谁当妈妈，突然当妈妈的玩伴被父母叫回家去了，那么他们的游戏也就结束了。

3. 没有特别明确的目标，不会有输赢的心理负担

游戏过程让儿童自然而然地学会一些东西，而学习过程则是要求儿童有目的地去学会一些东西。一旦儿童认为自己是学习的时候，他们往往会掺入许多过去学习过程中的负面经验，比如担心学不好等，从而影响学习的效果。相反，在游戏中儿童会获得更多的正面经验，比如：角色被肯定的情感、压抑情绪的发泄等，从而在不知不觉中学到一些东西。许多游戏过程虽然都会以分出胜负为最后的结果，但是却不会产生输赢的心理负担。背着输赢的心理负担就无法轻松的享受愉悦过程，也就不认为是在玩游戏。

4. 促进自我效能感的发展

在游戏过程中，儿童能安全地、无所顾忌地做自己想做的事情，甚至可以认为自己是游戏世界里的主宰，掌握游戏世界中的所有变化，这种感觉称为儿童的"自我效能感"。这是儿童无法在现实世界中感受到的，因此借助这种感觉能帮助他们增强接受现实世界的勇气，促进成长。

（三）游戏的功能

虽然在游戏的定义中，特别强调游戏并不具备特殊的学习目标，不过儿童经过游戏之后，会不知不觉学到很多东西，比如社会法则、情感宣泄等。儿童游戏的功能有如下几种：

1. 促进儿童身体发育

儿童时期，身心还处在发展阶段，肌肉、神经系统和身体等各方面尚未达到成熟状态。游戏将提供给儿童锻炼身体，发展运动技能的机会。比如：儿童经常玩的"球类"游戏。当儿童投掷球，就练习了全身的肌肉和手眼的协调能力。在整个游戏过程中，其实就等于提供给儿童反复练习生物技能的机会。

2. 有助于儿童消化不良情绪

游戏可以帮助儿童处理其自身的不良情绪。比如说：儿童在搭积木的时候，会把积木搭成人的形状，然后对这个"人"进行攻击，甚至是把这个人推倒。在这个过程中，儿童就把对现实生活中某个人的不满发泄出来。

3. 促进儿童人际交往能力的学习

在儿童的游戏活动过程中，需要两个人以上才能完成游戏，这就使得他们能相互学习到一些人际相处的能力。比如说：在"跳绳"游戏中，每次都必须要两个人甩绳子，其他人跳，在这个过程中，儿童学会了通过遵守规则来解决冲突，以及通过学会等待来获得尊重。

4. 促进儿童社会化

在游戏过程中，儿童无形中将他自己的"社会化结果"表现出来。一旦儿童表现出来的"社会化结果"偏离社会规范，则他的玩伴会给予负面的反馈，无形中修正了儿童的"社会化结果"，提供了一个学习的机会。比如说，儿童玩"扮家家"游戏，其主要的过程是扮演生活的角色，并且将他们观察到的表演出来。例如扮演爸爸的儿童就把他认为是爸爸的行为表现出来，无形中学会了爸爸角色，如果其他玩伴也会对这个"爸爸"提出不同意见，自然地完善了角色责任。

二、儿童游戏治疗

梁培勇（2011）认为儿童游戏治疗是以游戏作为媒介对儿童的心理和行

为障碍进行矫正和治疗，促进儿童适应和发展的一种心理治疗理论和技术，其突出特点是心理治疗中应用游戏作为沟通媒介。早期的游戏治疗着重于真实生活的投射和宣泄的理论观点，即游戏情境中的儿童行为能显示他的特殊情绪和社会交往困难的模式，游戏环境为被抑制的情绪和情感提供了自由表达的场所。近些年来，随着游戏治疗的应用和发展，国外心理学界对游戏治疗的认识也出现了变化，学者们越来越推崇通过游戏给儿童创设一种温和、信任及完全自由的环境，让儿童在游戏中察觉自身存在的问题，挖掘自己的潜力，从而发生内心世界的变化。游戏治疗和经典的心理治疗一样，也分成许多不同的派别，不同的心理学理论对游戏治疗有不同的定义。下一节我们将深入学习各个学派的游戏治疗方法。

　　为什么针对儿童采用游戏治疗方法会收到很好的效果，而其他方法则收效甚微呢？这有几个方面的原因：第一，儿童身心发展的限制，对于儿童而言，他们还在学习、发展他们言语的阶段，言语并非儿童最擅长用来表达自己的工具。如果在治疗过程中仍然使用以言语为主要的沟通媒介，很可能会发生沟通不良的现象，达不到咨询治疗的效果。第二，儿童不像成人对自己的内心的潜意识能有很完整和清晰的了解，通过成人的梦的分析和自由联想的方法无法完成对儿童潜意识的把握。而以游戏为沟通媒介，有利于观察发现儿童的行为表现和情感表达等。

第二节　儿童中心学派的游戏治疗

阿克斯林，以游戏为媒介，将人本主义心理治疗理论应用到儿童心理咨询与治疗，创立了儿童中心学派的游戏治疗。儿童中心游戏治疗的主要精神是咨询师透过和儿童，在主要以游戏为媒介的接触中，让儿童体会到咨询师的态度是真诚的、无条件积极关注的和共情的，从而产生正向的自我成长的力量。

一、儿童中心学派游戏治疗的基本原则和技能

（一）基本原则

阿克斯林指出儿童中心学派游戏治疗的 8 个基本原则是：

（1）治疗师须和儿童建立温暖友善的关系，也要尽早建立良好投契的关系；

（2）治疗师必须无条件地接受儿童真实的一面；

（3）给儿童以宽容的感受，让儿童能自由地表达；

（4）识别儿童的感受，并能以儿童领悟的方式表达出来；

（5）必须尊重儿童能够把握机会自己解决自己问题的能力，因为选择和尝试改变是自己的责任；

（6）不要企图用某种方法来指导儿童，让儿童带领，治疗师跟随；

（7）了解治疗是一个渐进的过程；

（8）制订必要的限制。这些限制的目的是使治疗符合现实，让儿童知道他在治疗中应该负的责任。

（二）基本技能

基本技能是指创造一种气氛，鼓励个体在安全的疆界里发展出必需的应对技能。儿童这种内在的安全感，是随着咨询师跟随儿童（或者玩具）的引导进行即刻反应才开始建立的，主要有：

1. 建立结构的技能

在每一次咨询开始和结束时，咨询师都要条理清楚地告诉儿童一些基本的疆界与限制，同时保持一种友好邀请的氛围。

2. 共情式的倾听

将"我"（咨询师）感受到的东西反馈给儿童，但又不能表现得有侵入的意味。不批判和共情式的理解，有助于儿童澄清任何被误解的行为与感情，并以咨询师为榜样，学着准确描述自己的情感体验。

3. 以儿童为中心的想象游戏

咨询师通常使用非指导性交互作用的方法为儿童或者和儿童一起制定游戏目标，儿童自己是游戏中的导演和演员，他们自由选择并决定，可以邀请咨询师参加表演，或者担任另一部分工作，整个过程让儿童自己选择游戏进行的方向。

　　4. 设定限制的技能

　　设定限制的目的是为了提醒儿童意识到他们对自己、对游戏室以及对咨询师的责任（在上面的八项原则中也有提到）。限制条数尽量最少，且由咨询中心人员明确宣布。制定限制的原则是：考察它是否在保护儿童的安全、其他人的安全或者保护容易受损的玩具与财产设备；若不是，则取消。咨询中通常采用三个步骤来落实相关规定：（1）咨询中心人员宣布有关限制；（2）如果违反了，咨询师给予言语警告；（3）采用行为强化、惩罚的方式让儿童遵守相应限制。

二、游戏咨询的阶段

　　儿童中心学派的游戏治疗大致包括以下几个阶段：

　　开始阶段。首先，需要让儿童熟悉环境并安定下来，与咨询师形成一种相互的关系，如信任、感受到被咨询师接纳；其次，在儿童已经感到舒适和放松情况下，向他们解释"咨询师的责任是帮助他们发现自己内心情感并规定咨询过程保密的程度（因为严重威胁到人身安全的儿童的秘密，咨询师有义务告知家长或者老师）"；再次，向儿童说明他们的老师和家长已经观察到的现象，并询问儿童对自己现在所处情境的看法；最后可以向儿童提供各种不同的画图材料，要求他们画上东西，这也是一个投射性的测验。在开始阶段快结束时，我们可以使用"票据"的方法帮助儿童建立时间观念（指咨询总共有几次，什么时候会结束。一般的儿童中心游戏治疗一阶段6次，以周为间隔。上述开始阶段内容是作为游戏治疗的一个介绍性过程，不纳入总次数）。票据方法具体为：让儿童选择一张最喜欢的彩色厚纸（面积以 6cm×10cm 最佳），写上自己的名字（沿长边），假设咨询次数为 n（6），划上 n－1（5）条直线将纸片 n（6）等份，就有了 n（6）张票据。以后咨询每结束一次，就要求儿童自己撕掉一张票据。这样可有助于咨询结束时分离焦虑的处理。

探索性阶段。在儿童开始发展出一些自我意识时发生的，儿童可能开始暴露内心的冲突与问题。在这个阶段咨询师要敏于儿童情绪上细微的变化，并及时的给予共情和接纳。

巩固阶段。儿童开始形成一些持久性的成长，处理那些在过去曾经给他们带来痛苦的事情，使其不再产生消极影响。在这个阶段咨询师用自己的语言积极地反馈儿童的情绪表现，促进儿童对自己情绪的觉察，并将新的体验和感受进行融合和整理，促进自我的成熟和发展。

结束阶段。随着负性情绪的表达和宣泄，通常儿童会逐渐转向积极正向的情感，当转化完成时，就意味者咨询即将结束，这时主要任务是使儿童对即将结束的咨询关系有所准备，处理分离焦虑的问题。

三、以儿童为中心的游戏治疗适应的问题类型和咨询的目标

以儿童为中心的游戏治疗适应的问题类型：学校恐惧症、儿童分离焦

虑、适应性问题、延迟的悲痛反应、果断性训练、问题应对技能的训练、抑郁、注意缺陷/多动障碍、交友困难和反抗性行为等。

儿童中心游戏治疗的目标有以下几点：（1）发展对情感的理解；（2）表达情感从而更好地满足自己的需要；（3）掌握解决问题的技能；（4）减少适应不良的行为；（5）处理内心冲突并表达；（6）增强自信。

案例分享①布仑楠

布仑楠因为学校恐惧被介绍来咨询，他的学校恐惧与害怕天气有关。布仑楠担心，当他来上学时，如果出现暴风雨，他的父母就会发生意外。他尤其害怕大雷雨和飓风。他已经是三年级的学生，但是老师和父母都很难说服他相信，在他居住的地方出现飓风的可能性是最小的。布仑楠智力水平测试得分很高。他的父母工作都十分努力，母亲拥有自己的公司，每天都要到距离很远的地方上班。布仑楠小时候有几年在日托机构度过。

在游戏活动中，儿童可以利用玩具与其他游戏材料向咨询师传递、表达个人的内心世界。布仑楠的个人世界迷失在一片混乱中，这种混乱是由他所在生活环境中的重要人物的言语指责造成的。他觉得自己受冷落和被疏远了，因为他觉得别的人显得很不能理解他的这种恐惧，并且认为这种恐惧是不合情理的，还表现出十分生他的气。

根据以上分析，咨询师决定先采用6周的非指导性游戏治疗方法。游戏治

---

① 卡杜森，谢福著，刘稚颖．（2002）．儿童短程游戏心理治疗．北京中国轻工业出版社，78～82

疗的首要目标不是解决布仑楠的恐惧问题，而是帮助他在一种安全的、理解的、鼓励的氛围里成长；治疗的第二个目标是为布仑楠提供一个发展自我控制感的机会，并通过行为、语言、情感以及活动让他表达出自己的内心体验。

第一次咨询，介绍性的游戏。咨询师（后面皆用"我"代替）把布仑楠带到游戏车上，各种玩具事先已经摆放好，这样做的目的，希望他感到这个环境是特别为他准备的，希望他舒适且放松。给他提供一种自由的氛围，允许他带其他同学到这儿玩。然后让他在游戏室里自由探索，给予指导语"如果有什么事情是你不能做的，我会事先告诉你"，我就在旁观察他的兴趣范围。布仑楠被子弹枪和另两种游戏吸引，并邀请我与他一起玩。他遵守游戏的相关规则，在我们的游戏过程中，我按照他的指示行事，但是我能感到他一定程度地在取悦我，并跟从我的喜好做游戏。这次咨询结束后，我给他的母亲提出几点建议：以前都是她替孩子制订具体的时间计划，现在开始，让布仑楠自己来决定什么时间有什么活动；如果还出现布仑楠不愿离开母亲的情况，由母亲给孩子带一个纪念币来代替对她的思念。

第二次咨询中，布仑楠假装那些弹球是从天空射来的"子弹"。他们被埋葬在沙地里，他必须将它们全找出来。他一直坚持寻找，直到每一颗"子弹"都被找到。这次咨询结束后，他母亲和老师都反映，他一整天对天气预测情绪波动都很大。

第三次咨询中，布仑楠先重复了上面的游戏活动，然后转为向咨询师展示他在另一种游戏中的熟练技巧，他还为游戏室里的黑板添了一块板擦。布仑楠的这些游戏都反映出他的完美主义倾向。所有的弹球都必须被埋藏然后全部被找到，且他特别注意活动的秩序性和其环境的整洁干净。我认为，他可能在努力解决埋藏在内心的恐惧，试图显示他的力量。

第四次咨询，重复上面的游戏。这次咨询后发生了很多情况。布仑楠在游戏室里表现出自信心增加，但在学校、课堂上，他却出现了相应的困难。他开始过早完成课堂作业，毫不听从老师的指示和指导，并对老师的质问表现出防御性行为；在体育课的分组活动中，他在自己所在小组里表现特别强势，小组成员必须完全听从他的指导。我在与全班同学和体育老师的合作下，共同制订了一个计划，以让布仑楠感受到，他是一个安全、稳定的团体中的一部分。他的学习能力很强，被指派为指导、帮助学习困难同学的"辅导员"，这些交流型的活动让他能够与同学们在一起相处，共同努力。

第五次咨询，布仑楠心情特别愉快，我们开始了沙盘游戏。从天空掉下来的炸弹落到所有的动物和人群头上，一支军队正在遥控之下从一架飞机上往下扔炸弹。他从"炸弹/飞机"的故事转移到玩陶土，用陶土做了一个"龙卷风"，并将旋转着的陶土顶端朝下，变成一个钟摆，然后将钟摆撞碎，重新做成一个有逼真蓝色缝线的棒球。他拿起一个盘子击打陶土做成的棒球，他认为这是"打一个本垒球"。我感觉到，儿童转变到另一种不同的方式来解决他的问题。

第六次咨询，布仑楠又开始了一个攻击性故事。一支部队正在惩罚所有人。那些人被砍倒了，但是没有死。这一次，"泰迪熊"从天上降落到这些人头上；当"泰迪熊"降落的时候，布仑楠与这些熊一起大笑着。然后他又从这一场景转移开，到架子上去寻找绳子。他开始表现他的结绳技巧，一次又一次反复尝试，竭尽耐心做成了一个捕虫环。然后他又创造出一个"全新设计"——一座金字塔式的建筑物。

布仑楠有很高的运动天分，特别是打棒球，以及用简单的材料创造出新东西。后面阶段的治疗已经获得了疗效，布仑楠从最开始用沙土掩埋弹球，即压抑的方式，然后自己盲目地寻找；到后来采用升华的方式，利用自身强项来面对和处理自己的问题。按照弗洛伊德的防御机制理论，这已经是最积极地解决问题的方式。我也相信布仑楠因为运用这些能力而使他的思维变幻莫测，例如他玩陶土"龙卷风"，也表现了他与天气有关的恐惧心理。我对布仑楠的后续工作包括跟他玩"不那么害怕的事情"的游戏，同时让他把这个游戏带回家和他的爸爸妈妈一起玩几个星期。最后，布仑楠以前所表现出来的行为终于停止了，他不再害怕离开父母去上学。他仍然不喜欢暴风雨，但是他可以在楼下一个安全的房间里，坐在妈妈或者爸爸的腿上，边听边观察，直到暴风雨停止。

第三节　心理动力学派的游戏治疗

一、安娜·弗洛伊德的游戏治疗

在心理分析治疗中，最重要的是分析潜意识，这是造成个体困扰的主要原因。当"本我"的某些冲动违背现实或"超我"的道德原则时，才会被"自我"压抑下去，以避免造成意识上的痛苦感觉，所以分析潜意识的时候，就是把这些原本已经隐藏很好的潜意识挖掘出来，于是被分析的人一定会感到痛苦，并想要拒绝或者逃避。因此安娜·弗洛伊德认为，接受心理分析前，来访者必须做好以下准备期工作。

（一）来访者要有强烈的病识感

安娜·弗洛伊德认为儿童和成人差异在于成人会强烈地感受到自己的困扰，并因此寻求改变，成人一旦接受咨询，就通过了准备期的第一个条件。然而对于儿童而言，通常他们并不会察觉到自己有什么问题，他们仍在社会化的过程中，在学习对错的标准，他们本身不会认为他们有什么不好。但是在父母或者老师的眼中，却认为他们有问题，才带着儿童来咨询。因此，儿童并不主动要求，而是被动（被迫）接受咨询。

（二）来访者要信任咨询师

安娜·弗洛伊德认为，儿童在进行心理分析的过程中，很难完全相信咨询师。一方面，在于儿童是被迫接受咨询的，他们本人的意愿并不高；另一方面，儿童在潜意识里把咨询师看作是父母同一类的人。他们担心咨询师会把他们潜意识里对父母的看法泄露给父母，往往这些看法是现实或者社会道德所不容许的，从而导致儿童不信任咨询师。

（三）来访者要有接受治疗的决心

接受治疗的决心源自儿童能有强烈改变的意愿以及对咨询师的信任，而儿童在这两条件都不充分，也就更不容易下定决心接受治疗。在这种情况下，咨询师必须先帮助儿童完成准备期的工作，才能进行心理分析。

安娜·弗洛伊德特别强调：在接受治疗之前，如果准备期的工作并没有完成，那咨询过程注定失败。对儿童来讲游戏的作用有两个：其一，可以同来访儿童形成良好的咨询关系，建立了对咨询师的信心，提升儿童"病识感"，让他逐渐感受到"受苦的感觉"，从而产生接受治疗的决心，达到完成进行心理分析之前的准备期工作。其二，可以用游戏帮助儿童进行自由联想和梦的解析，了解儿童的潜意识，以达到咨询治疗的效果。总之，游戏本身不具备任何治疗的功能，而只是发挥一个辅助和媒介的作用。

二、克莱因的游戏治疗

（一）游戏是潜意识的反映

克莱因和安娜·弗洛伊德的观点的不同之处是，她认为儿童潜意识不一定要通过梦和自由联想来表现，儿童在游戏过程中表现出来的许多幻想就反映了儿童的潜意识，并且她还强调潜意识内容的原始核心都和攻击有关，换言之，在进行咨询治疗过程中，咨询师对儿童的种种表现，必须要掌握潜意识中的攻击意义，才能达到治疗效果。面对儿童游戏中的攻击行为，咨询师不应该压抑，而是让他以非人身攻击的方式继续表达他的攻击幻想。儿童在攻击过程中，会把在实际生活中对某些人不满的幻想加进来，一旦产生治疗效果，自然会改善同原本关系不好的人之间的关系。

在克莱因的长期临床经验中发现，儿童的攻击幻想具有一定的程序性。在开始破坏某些玩具之前，通常将它放在一边，并且有一段时间不去碰它，这表示不喜欢这些玩具所代表的人物，他本来想攻击它，但又担心它会对自己报仇。接下来，儿童决定在游戏中先下手为强地攻击它，当然这个过程会带来儿童的焦虑和罪恶感。等到治疗产生效果后，儿童会很奇妙地把这些他破坏过的玩具重新找出来，努力地修好它。这个过程表明儿童在修补他同玩具所代表的人物之间的关系。因此克莱因提醒说，被儿童破坏掉的玩具，千万不能随手把它们给扔了，否则儿童无法在游戏过程中，完成这种象征性的弥补行为，而导致治疗效果出现折扣。

（二）解释的重要性

在心理分析过程中，潜意识是分析的必然工具。但她认为对于儿童而言，潜意识和意识之间的界限很模糊，这导致儿童的"自我"未能像成人那样具有强大的力量，可以有效地压制住潜意识；另外被压抑下去的潜意识，在时间上也并不如成人那样时间长。因此解释在咨询治疗过程中，扮演相当重要的角色，克莱因认为咨询师只要在理论上充分了解来访者产生问题的原因，就可以提出解释。

案例分享①

瑞塔是两岁九个月大的女孩，她的症状是害怕动物，和妈妈的关系越来越差，并具有明显的强迫性神经衰弱症，偶尔伴有焦虑以及夜悸。和瑞塔第一次见面时一句话都不说，表现出很不合作的态度，在游戏室玩的时候相当压抑自己，也无法忍受挫折。（这种现象判断为"情感转移"，认为她对她妈妈那种不好的关系投射到和咨询师的关系上。）

① 梁培勇．（2011）．游戏治疗——理论与实务．北京：世界图书出版社，66

接下来瑞塔提出去公园散步（判断为瑞塔不喜欢留在室内，可能是因为室内给她带来害怕的感觉），走着走着，克莱因对瑞塔说："我很像你妈妈对不对？"结果瑞塔改变原本不合作的态度，愿意同克莱因说话。

当瑞塔开始在游戏室内玩的时候，不断重复替洋娃娃脱衣服和穿衣服的动作。将这些不断重复的动作解释为她心中的某些焦虑之后，她就开始放弃这些重复的动作，并在游戏中表现出更为丰富的内容。

三、结构式游戏治疗

（一）结构式游戏治疗的原理

结构式游戏治疗的理论基本上也是从心理分析的系统而来，但与安娜·弗洛伊德和克莱因不同的是，它并不强调所谓潜意识的分析，而是认为人之所以有问题，是因为驱力上升，因此只要想办法让它下降，问题自然可以得到解决，不必去管潜意识的问题。心理分析大师弗洛伊德就用水库的观念，比喻人类情绪的处理过程，他认为每个人的身体里面彷佛都有一座情绪水库，当负面情绪出现时就会存放在情绪水库之中，如果情绪水位累积到所谓的警戒线，个体就会开始出现脾气暴躁，无法适当控制情绪的情形，而导致容易发脾气。对儿童而言，将"情绪水库"中的能量放掉的办法就是游戏，因此，治疗儿童最有效的办法，就是提供游戏的机会，让他们在经历游戏的过程中解决问题，甚至还可以在平时生活中通过玩游戏达到及时调节"情绪水库"的水位，达到释放能量的效果。

结构式游戏治疗就是对各种不同性质的情绪，主动地设计游戏来帮忙疏解儿童内心的过度能量。这些游戏本身就可以达到治疗的效果。

（二）进行结构式游戏治疗的注意事项

虽然结构式游戏治疗的内容并不是很复杂，但咨询师在进行治疗过程中，为达到更有效的治疗效果，仍然需要考虑一些因素。

第一，咨询师在做游戏治疗之前，必须要和儿童建立良好的关系，这样儿童才不会害怕把他的情绪表现出来，才会放弃对咨询师的设防。

第二，咨询师必须很熟悉结构式治疗的程序，以及事先要准备的材料，才不会在治疗进行中，显得手忙脚乱，让儿童来访者也跟着咨询师一起紧张起来，从而妨碍治疗应有的效果。

第三，咨询师必须要选择恰当的结构式游戏治疗。不同的游戏种类有其合适的治疗对象，咨询师必须相当了解儿童的问题所在，才能帮助儿童选择出最恰当结构式游戏。

第四，咨询师必须先和大人们做良好的沟通。要让大人们了解，儿童在接受治疗期间或之后，在家里的行为表现可能会和平时有些不同，请他们尽量不要用压抑儿童的方法管教。

除了以上四点以外，在整个结构式游戏治疗进行的过程中，游戏不仅具有疏解能量的作用，也是咨询师同儿童来访者建立良好关系的重要媒介。

案例分享

游戏名称：气球爆炸①

目标：处理情绪压抑型的儿童

材料：各种不同颜色，不同尺寸的气球，越多越好，可帮助儿童很容易将气球弄破的工具（注：工具具有安全性）

过程：咨询师先拿出一个气球吹气，吹到一定程度后，鼓励儿童用事先准备好的工具将气球弄破；如果儿童不敢，咨询师就自己将气球弄破。然后，咨询师再拿出第二个气球，并问儿童会不会吹？如果会，让儿童完成，不会，咨询师自己完成；吹完后再让儿童弄破，如他不敢，就牵着他的手帮忙弄破。如果这样做几次后，咨询师开始鼓励儿童用自己的方式，而不一定要用安排好的工具弄破气球；在此同时，咨询师掌握时机，想办法引出儿童压抑已久的情绪。

游戏名称：分离焦虑②

目标：处理具有分离焦虑的儿童

材料：两个木偶或者布偶，一大一小，大的代表妈妈，小的代表儿童自己

过程：咨询师将事先准备好的木偶或布偶拿出来，对儿童说：妈妈告诉孩子说她要出去，下午才会回来，接下来会发生什么事呢？咨询师要鼓励儿

---

① 梁培勇．（2011）．游戏治疗——理论与实务．北京：世界图书出版社，80～81

② 同上

童以"过家家"的方式，演出种种可能发生的事。

以上介绍的这些结构式游戏治疗，基本上很类似心理测验中的情境测验，通过安排一个情境，让儿童把他内在感觉和想法投射出来。在实际操作过程中，在这个理论指导下，根据儿童实际的问题，设计出更适合的结构式游戏。

四、儿童故事治疗

（一）相互说故事技巧

加德纳发展出来的"相互说故事技巧"（简称 MST），同属于心理分析取向的治疗方法。他在长期的临床工作经验中发现在游戏治疗过程中，儿童非常喜欢说故事和听故事，而且他认为在故事中加入咨询师想要传达给儿童的信息，可以让儿童通过故事的形式接受这些信息，最终达到治疗的效果。基于这种想法，他放弃传统心理分析取向的潜意识分析方法，尝试将故事和潜意识结合起来，发展出"相互说故事"的技巧。

加德纳的 MST 首先诱发儿童说出自己创作的或自发的故事，并通过心理分析回应其故事。自发性故事本质是投射性的，儿童有机会通过无意识的隐喻，安全地表达病态的的愿望和恐惧等，自发性的故事更真实地表达了儿童内心的冲突和问题解决的方式。接着治疗师需要辨认故事背后的心理动力学意义，并且使用故事中的隐喻来建构带有治疗目的的回应，在回应的的故事中提供一个较为健康、不带有冲突的问题解决方式，以取代儿童原来充满冲突的故事版本。故事和现实之间的"朦胧和暧昧"是治疗是否有效的关键，即通过故事的形式将儿童在真实世界无法面对的问题表现出来，介于真实和故事之间的模糊地带有助于减弱儿童的自我防御。

（二）MST 的基本过程

通常 MST 的基本过程分为以下三个阶段：

准备阶段　在开始进行 MST 之前，咨询师必须清楚了解儿童问题的背景资料，和儿童建立好良好的关系，之后征得儿童的同意进行录音或录影设备的准备。同时要提醒儿童，在下一次咨询时，儿童必须准备好一个自己编的故事（注意：故事来自于儿童现实生活，而不是故事书）。

儿童讲故事阶段　咨询师要先将所准备的录音或录影设备架设好，再次征得儿童的同意后，再开始录音或录像。然后咨询师以轻松自然的态度，扮演一个说故事比赛的主持人角色，让儿童上台说出自己的故事。当儿童在台上说故事时，咨询师就在台下充当听众，此时，咨询师利用儿童短短的说故事时间，一方面记录儿童故事内容中的主角和情节，以心理分析的角度分析儿童所说故事的意义；另一方面要很快地以儿童故事中的主角为人物，编出另一个情节不同，且具有积极治疗意义的故事。儿童讲完自己的故事后，咨询师要问儿童："你觉得这个故事给我们的教训是什么"，这样询问的目的是，确认正确理解了儿童所说故事的意义，以便修改咨询师所编的故事内容。

咨询与治疗阶段　接下来，咨询师上台讲故事。在这个过程中，咨询师需要注意以下几个方面。其一，由于咨询师所编的故事取材于儿童，如果儿童所编的故事，真的是将自己内在的潜意识投射出来的话，则儿童在听故事的过程中，很容易出现紧张不安的现象。因此，咨询师讲故事的过程中，要随时注意儿童听故事时的种种反应：当儿童表现出紧张不安时，咨询师要适时地加以处理，否则不易产生治疗效果。其二，咨询师在讲故事时，必须很有弹性地结合儿童听故事时的种种反应，适时地编进故事的内容，加强治疗的效果。其三，咨询师在讲故事时，也可以主动询问儿童一些问题。这样做不但可以确定儿童是否了解咨询师所说故事的内容，还可以利用儿童的回应，增加故事和儿童之间的紧密感觉，增强故事对儿童的吸引力。咨询师讲完故事后，要主动问儿童："你觉这个故事给我们的教训是什么？"其目的是确定儿童是否准确理解咨询师在故事中所传达的信息，否则咨询师应自行补充。

咨询结束后可以将整个 MST 的录音带交给儿童，让他在离开治疗情境下，还可以有机会听和看，增强治疗效果。

案例分享[①]

汤尼 11 岁有点胖，但是很可爱。他的问题是因为学习成绩下降，而且在家里出现了偏差行为，母子关系冲突。对两个年幼的弟弟妹妹造成不良的影响。目前他在学校最大的问题是拖延，在家里的问题是对弟弟的讨厌和嫉妒。在大约持续了 9 个月的互相说故事治疗后他给治疗师讲述了以下故事：

———————————

① 杰洛德·布兰岱尔著，林瑞堂译．(2004)．儿童故事治疗．台湾：张老师文化事业股份有限公司，50～52

　　汤尼的故事：从前有一座已经废弃了好久的壁炉。住在那里的人想要将它拆掉，好安装全新的暖气系统。结果，有个工人告诉他们：不要把它拆掉，我想要它，可以装在我家里。可是其实他也不常用到。有一天他坐在壁炉旁，结果它裂开了，破块开始掉了下来。这个壁炉就要四分五裂了，他试着要修理，但是它再次裂开。最后他将这个壁炉卖给了其他人，他们将原来的壁炉拆了改装成新的壁炉，比以前的那个更值钱。

　　治疗师的回应：从前有一座壁炉，它曾经是众人注意的焦点，后来，拥有这个壁炉的人决定要造新的暖气系统。壁炉开始被忽略了，再也没有人坐在它的旁边。有一天，有个工人发现壁炉好像没有发挥功效，所以将壁炉带回自己的店里，好让他来修理。好啦，壁炉这阵子过得还不错，但是后来它开始四分五裂了。壁炉觉得自己被忽略了，被暖气取代了，而且它再也不想被在乎了，尽管它不知道自己为什么不能发挥效力了。

　　然而这个壁炉仍然有独特的地方，第一，壁炉能够烧木头，但是暖气系统不能。如果停电了，只要有木头，就又可以使用壁炉了。壁炉另一个独特的地方是，它在寒冷的晚上真的很舒服，而且只要火焰不太大，人们真的很喜欢围在它身旁。人们的确很喜欢待在火炉旁，但是有时候暖气系统的确会占去人们好多的注意力。

　　无论如何这个工人告诉壁炉，一定要记得，即使不能永远为房子提供所有的温暖，但是有些时候只有它能提供温暖。这个工人还说，如果壁炉能够控制火焰，那么人们或许更想坐在它旁边。当然，有时候你一定要烧得旺别人才会注意你，只要你的火花别烧到壁炉外面就没问题了。壁炉觉得这些想法非常有趣，所以同意尝试一下工人的建议。

　　分析：在汤尼的故事里表现了手足嫉妒与自恋式的伤害这两个相互纠葛的主题。在这个故事里，他选择以一座老旧的壁炉代表自己，这个意义丰富的隐喻背后其实有一套非常巧妙的表意机制，这个隐喻象征了他的被动，不停燃烧的怒火，以及他希望能在父母赞赏的眼光下发光发热的欲望。在咨询师的回应里首先保留了隐喻，同时赋予了壁炉主动性，壁炉可以配合工人一起为这个问题找到更好且较能适应的解决之道（为其他家人提供温暖的房间），而不是将自己的情绪发泄到其他人身上（让火花乱飞），或一味地自我防御（变得四分五裂）。

第四节　认知行为学派的儿童游戏治疗

一、认知行为游戏治疗

　　认知行为游戏治疗（CBPT）主要以认知行为治疗理论为基础，通过游戏对儿童的认知和行为进行干预，在游戏中让儿童对自己和自己的人际关系以新的方式思考，学习新的应对策略，从而消除由负性思维带来的不良情绪和行为。

二、认知行为学派儿童游戏治疗的基本技术

游戏治疗为儿童提供了在一个安全的环境里表达情感的机会，针对儿童最常用的认知和行为治疗方法有如下几种。

（一）行为的方法

1. 系统脱敏法

系统脱敏是通过以一种适应性的反应代替原来的非适应反应，从而减少焦虑或恐惧的一个治疗过程。通过切断一个特定的刺激与它通常所诱发的焦虑或恐惧反应之间的联系，达到降低情绪反应的目的。具体操作为：首先，了解情况，并将诱发儿童产生焦虑、恐惧情绪的情境进行等级排序；然后，咨询师在实际情境中逐渐向儿童呈现该序列里的刺激（由低恐惧级逐渐向高恐惧级递增）、或者让儿童从低恐惧级逐渐向高恐惧级进行想象，同时伴随一些简单、积极的自我暗示，主要是进行放松训练，让儿童保持与焦虑不相容的放松状态。人在平静的放松状态下，就不会产生焦虑、恐惧等情绪。这样做就能让儿童意识到：原来自己能够应付恐惧刺激，并慢慢学会处理与恐惧相联系的情绪反应。对 6 岁以上儿童，让他们学习经过修改后的肌肉放松技术，而有些儿童，其他的放松技术更有效，例如，食物、音乐、游戏或想象喜剧的场景并捧腹大笑等。

系统脱敏法包括现实脱敏和想象脱敏两种。现今一部分咨询师认为现实脱敏的方法优于想象脱敏，也有建议两种形式结合使用。在建立现实脱敏

的治疗过程中，咨询师必须能够完全控制恐惧刺激。系统脱敏是治疗儿童恐惧的有效方法，尤其当儿童表现出高度的生理反应水平（如心跳加快）和极端的回避行为时，治疗效果最佳。

2. 情绪想象法

情绪想象法由拉扎卢斯创立，其实也是系统脱敏法的一个变式。咨询师通过让儿童幻想自己与某个英雄人物（如超人）在一起的情境，诱发出有关自我决断、自豪、勇敢以及其他能够抑制焦虑反应的形象。咨询师先诱发出积极情感，然后逐渐在故事里引入儿童所恐惧的刺激。这里同样也需要建立一个恐惧等级序列，但是用来抑制焦虑反应的不是肌肉放松技术，而是一个英雄形象。从系统脱敏的程序看，情绪想象就是与恐惧刺激不相容的反应，而且咨询师必须以一种系统的、循序渐进的方式将恐惧刺激引入故事里。

3. 行为管理

行为管理是一个一般性的称呼，指所有通过控制行为结果从而矫正行为的有关技术。正强化、刺激控制和迁移渐消、消退和差别强化等，这些都是行为管理的不同技术。行为程序既可以在游戏治疗过程中建立，也可以在自然环境下建立。

正强化　正强化几乎是任何一种儿童恐惧治疗中的重要组成部分。对儿童恐惧的正强化过程包括识别某个特定的靶行为（目标行为），确定一种强化刺激，并对靶行为的出现进行强化联结。强化物可以是社会强化（如表扬）或物质强化（如奖励贴画），可以进行直接强化（如，当具有分离焦虑的儿童能够不要妈妈的陪伴而去上学时就进行表扬），也可以用比较间接的方式进行强化（如，鼓励儿童进行独立的游戏，从而最终提高儿童对离开父母能力的自信）。强化可以由咨询师给予，也可以由咨询师训练父母或其他重要人物来给予，当儿童克服了自身恐惧时给予适当强化。对很多儿童来说，用图表系统标出儿童达到的行为以及相应的奖励是最有效的。图表系统有助于将希望达到的行为变得可操作化，并保证以一种系统化的方式进行强化；且这样的强化过程能帮助儿童看到他能够控制恐惧情境，并对他的积极行为提供非常及时的反馈。当儿童一步一步地接近所希望的反应时，就会得到正强化，最终完成所希望的行为。我们不能期望一个害怕的儿童一下子就能克服自己的恐惧，而需要通过咨询师对他的每一个小小的进步给予积极强化，最终塑造他的独立行为。

刺激线索与刺激控制　　刺激是引发个体活动的力量，因此人类行为反应是刺激所引发的活动。有时候儿童的问题行为与环境刺激有关，例如：有的孩子由爸爸送他上幼儿园时，他比较安静，但是当妈妈在场他就会哭闹。这告诉我们某些刺激可以引起某些反应，另一种刺激却不会引起相同反应，这就是刺激控制。引起反应的刺激，就称为刺激线索。例如：针对上述个案，首先要搞清楚是妈妈的哪些反应强化了儿童的哭闹行为，那么在妈妈送孩子上幼儿园时提前和儿童沟通，如果儿童出现哭闹，要坚持撤销强化（如许诺奖励等行为），坚持不哭闹再给予强化，慢慢儿童的哭闹行为就会消失。当然也可以利用刺激线索和控制帮助儿童学习正确的行为。如孩子不按时上床睡觉，你可以告诉他我数"一二三"，如果不上床睡，明天就取消观看动画片，长此以往儿童学会按时上床睡觉。刺激线索避免儿童犯了错误再去纠正的问题，可以及时有效地防止问题行为的发生，防患于未然。

消退和差别强化。根据操作条件反射的原理，当撤销对行为的强化，行为就会减弱，直到消失。有些儿童恐惧情绪的产生，是由于他们的恐惧行为正在被强化或者已经被强化了。这时，强化行为必须停止，儿童才能停止恐惧反应。如，父母的关注是一种常见的强化行为。只有撤销这种强化，恐惧行为才可以被抑制。反之在忽略消极行为的同时关注儿童的积极行为，可以帮助儿童学会适应性行为，这一过程就是差别强化。消退和差别强化的配合有助于培养儿童积极健康的行为方式，克服陋习。例如：小强吃饭拖拉，令妈妈很苦恼。后来妈妈听了咨询师的意见，如果小强第一周能每天一小时吃完饭，周末带他上游乐场，第一周小强做到了，那么及时给予奖励；接着第二周家长要求小强 50 分钟吃完饭……经过一个月的训练，小强每天 20 分钟就搞定了。

4. 观察学习

观察学习是指通过观察别人（榜样）的行为学会某种行为的学习过程，又称替代学习、模仿学习。著名心理学大师班杜拉曾经做过一个儿童模仿攻击充气娃娃的实验。在这项实验中，实验者先要求儿童观看成人攻打充气娃娃的视频，之后，一组儿童看到的是这个成人得到了奖赏，即实验者称赞他是英雄。而另一组儿童则看到成人得到了惩罚，即实验者批评了他。之后，将儿童带进有充气娃娃的房间，告诉儿童，可以自由玩耍，而实验者则出来躲在单向玻璃后面。实验结果表明，第二组儿童在进入房间后，攻打充气娃娃的倾向明显地少于第一组的儿童，儿童在实验过程中学会了模仿。观察学习经常被用于治疗儿童的恐惧和焦虑。在实验室情境中，给儿童示范如何成功应对焦虑或恐惧，引导儿童观察并思考怎样用更适当的反应来处理恐惧刺激。观察学习提供给儿童一个间接学习新的技能以应付恐惧和焦虑的机会。观察学习可以有现场观察学习（咨询师的示范或团体成员的示范）、象征性观察学习（经常观看故事中的榜样怎样应对恐惧）以及参与性观察学习（榜样与儿童直接进行相互作用，由模特指导儿童一步一步学会克服恐惧）等。

（二）认知的方法

认知行为游戏治疗中的行为方法通常涉及行为的改变，而认知的方法涉及思维的变化。非适应性的认知被认为是导致负性情绪的主要因素，因此认知行为治疗理论认为思维的改变将会产生行为上的变化。咨询师帮助儿童识别和矫正非适应性的思维方式，并且重建正确的思维方式。研究表明，联合使用认知和行为的方法能够更有效地帮助儿童应对恐惧情境。

1. 改变认知的策略

帮助儿童改变认知的策略通常包括以下几个步骤：说出焦虑的情境，识别令自己焦虑的想法，寻找证据和其他可能、形成新的想法，最后观察自己的焦虑是否降低。一旦儿童说出令自己焦虑的想法，就可以通过多种不同的技术教会儿童改变这种非理性或非适应性的想法。如，可以向儿童提问"证据是什么"，也可以问儿童"如果……会发生……"。咨询师通过一系列的提问对儿童进行指导，如果他们害怕某件事情会变成事实，那么，提问"即使最坏的事情真的发生了，结果会怎样？"。通过提问咨询师指导儿童将注意力放在探索新的可能和问题解决上，帮助儿童形成新的想法和解决问题的策略，最后和儿童一起评估自己的焦虑水平是否降低。在实际咨询中这种方法受儿童认知能力和生活经验的局限。因为过程中需要儿童检验自己的想法、理解自己的想法、挑战自己的想法、甚至改变自己的想法，大多数年幼的儿童尚不具备这种能力。但是心理学家提出，以一种与年龄相适应的方式，有针对性地应用于不同发展水平的儿童，适当调整认知改变策略是可以实现的，即使是学龄前儿童也能够受益于此方法。

2. 积极的自我陈述

积极的自我陈述指儿童自己以语言文字表达的形式，给予自己的行为或者品格积极正面的、自我肯定的评价。它包括以下几种类型：主动控制（如"不管我是否喜欢，我都必须从那只狗旁边走过去"）；减少消极的情感反应（如"无论我是否准备好，我都要去上学"）；强化性评价（如"我是勇敢的"）；现实检验（如"我们房间里确实没有怪物"）。最终的目的是使儿童掌握相应的情境应对策略。这种自我评述必须与儿童的年龄相适应。在过程中教给儿童这样的自我评述，如"我是勇敢的"，或者"我做得很好"，但是咨询师和父母亲应该为儿童做出模仿的榜样。因为将表扬转化成积极的自我评述不是自动生成的，这个过程需要咨询师以及对儿童有重要作用的成人等角色的帮助，给予儿童特殊评价以及积极反馈，让儿童学会了解自己所做的事情的积极价值。

3. 自我控制

自我控制是个人对自身的心理与行为的主动掌握。自我控制行为的产

生，一方面与儿童自我控制意识的发展有关；另一方面有效的自我控制策略
也是自我控制行为出现的一个必要前提。比如对于争抢玩具，不少儿童都知
道这样做不对，应该控制自己的行为，应该谦让，但实际上他们常常由于缺
乏有效的自我控制策略，如注意力转移——先玩别的好玩的玩具、延迟满足
——自己过会儿也可以玩等，从而不能有效地抵制玩具的诱惑，控制自己的
行为而导致矛盾、冲突的产生。因此有意识地注意学习一些必要自我控制的
策略，掌握一些自我控制的方法，如注意力转移，想一想、再去做以及
STOP（停止）方法等，将会更好地有助于儿童对自己的情绪和行为进行调
节和控制，能逐渐学会更加适应的行为方式。

4. 读书治疗

读书治疗是指通过读书的方式，在这些为儿童提供的治疗性书籍中会
有一个儿童（作为模特）的故事。通过讲故事描述该儿童怎样应对相似的情
境，让儿童模仿并学习故事主人公应对恐惧、焦虑等情境的积极方式，进而
运用到自己真实的生活情境中。现今，国外已经出版了此类作为读书治疗材
料的相关书籍，我们通常使用的也是这些。但有的情况下，我们可能需要专
门为儿童制作合适的书籍。其实就是重新创作一个与这个儿童所经历的真
实生活场景类似的故事，通过咨询师重复念给她听，家里父母亲重复念给她
听，让儿童学会另外一种应对模式。针对年龄较大的学龄前儿童以及学龄儿
童，咨询师与儿童一起编写故事书，这对治疗有更好的效果。这种方式最重
要的一点是使儿童已经成为过程的积极参与者；同时在写故事的过程中，儿
童可能就逐渐掌握了认知改变的策略。

三、儿童认知行为游戏治疗的基本阶段

儿童认知行为游戏治疗包括以下四个基本阶段：

诊断阶段　咨询师运用各种诊断工具，收集儿童目前的功能水平、发展层次、呈现的问题、儿童对问题的知觉，以及父母对儿童和问题的看法等。

介绍和导入阶段　咨询师和/或父母必须以清楚、不评价的方式，对儿童解释他们对问题的看法，并描述游戏治疗的进程。此阶段咨询师一方面，和儿童的父母会谈，对儿童的初始评价给予回馈，并制订发展治疗计划，包括治疗模式和治疗目标；另一方面也决定父母在治疗过程的角色。咨询师积极引导父母（有时也包括认知能力和年龄适当的儿童）参与制订修正治疗计划，制定具体、可测量的目标。

中期阶段　咨询师要根据问题选择有效的认知和行为治疗策略，然后咨询师按照计划，应用行为改变、认知改变以及角色扮演等帮助儿童产生改变。治疗策略可以直接对儿童实施，或是教导教师或/和父母对儿童实施。咨询师也帮助儿童将游戏室里所习得的技巧迁移到其他情境和场所。在儿童的互动中设计处理的策略，教他们应付的策略，以避免治疗结束后再度复发。

结束阶段　咨询师通过监控治疗进程，比较现阶段的功能水平和初期时的差异，检查是否达到治疗目标。当治疗目标已经实现，咨询师逐步延长治疗的间隔时间，帮儿童做结束的准备。咨询师和儿童一起讨论当治疗结束后对问题的处理计划，增强儿童在想法、情绪和行为上的改变，学会将游戏室里学到的技巧迁移到其他情境。

案例分享

童浩是一个 6 岁的男孩，他害怕自己单独睡觉。据父母讲童浩通常先在父母房间入睡，然后妈妈把他抱回自己房间。之前童浩是能够自己单独在自己房间睡一个晚上的，可是现在童浩在自己的房间里睡几个小时，但是在夜里他总会哭着醒来再回到父母房间，并且要哭好长时间，拒绝回到自己房间。这样的现象持续三个月了，家长很苦恼。

针对这个个案，第一次与家长会谈，确认儿童问题的本质。首先，和家长了解到童浩的问题出现在近三个月，也是他刚入小学的三个月，同时为了上学方便，还搬了一次家。这些可能是童浩问题产生的外部诱因。其次，和家长了解了童浩的性格特点和成长经历。他从小由父母带大，没有特别的创伤经历。他的性格特点是比较敏感和胆小。最后，请家长完成儿童问题行为评估问卷。根据父母双方评估的结果，确认童浩基本功能正常，量表的各项指标无临床意义，只是焦虑和恐惧得分偏高。结合我们与父母的访谈了解到童浩性格比较敏感和胆小，思维活跃，想象力丰富。他的问题主要是对于新环境变化的不适导致的。此次咨询主要针对家长进行教育，首先，让家长了解到这不是一个很严重的问题，家长的过分关注会强化问题行为；其次也要意识到之所以产生这样的问题是儿童个性特点和环境改变相互作用的结果，儿童需要在家长的帮助下增强对环境变化的适应能力。最后，和家长协调制订为期四周的咨询方案，具体目标是让童浩能自己在房间里睡一周，长远目标是增强自己对环境变化的主动适应能力。

第二次咨询是与童浩的会谈。开始与童浩会谈，他显得很防御，说自己不是害怕，只是想妈妈。通过画房子游戏，我们了解到，童浩害怕鬼怪，害怕黑暗，但是他很希望自己勇敢，能单独睡觉。晚上醒来，他害怕橱柜的门开着，也很害怕墙上的卡通画。希望半夜醒来的时候，能立即听见妈妈的声音。他也不希望小朋友知道他不敢自己睡觉。咨询师还和他了解到如果他能自己睡，有哪些好处。童浩例举出如果能自己睡觉，爸爸妈妈会很高兴，而且自己还可以去舅舅家住，找佳佳弟弟玩。这次咨询的主要目的是给儿童表达出自己真实的想法，激发改变的动机和信心。这次会谈结束的时候，我们给家长一些建议：每天睡前确保橱柜的门是关紧的，移走房间中引发童浩恐惧的图片。主要目的是撤销环境中引发儿童恐惧的刺激物，并且请家长给儿童的房间装一部电话，儿童随时能听见妈妈的声音；给儿童买一个手电筒放在身边。这些环境的改变，增加了儿童的控制感，儿童可以进一步控制自己的恐惧。咨询师还和父母达成协议，从这周开始要坚持在童浩的房间由爸爸陪着童浩入睡。提醒家长这样突然的改变，童浩会哭得更厉害，但是只要坚持，哭闹会减弱。目的撤销对哭闹行为的关注，使其自行消失。相反，家长对于积极的改变要及时关注，给予正强化，只要哭的时间比前一天短就给予奖励。

第三次来咨询时，家长报告第一天童浩哭闹两个小时，第二天1个小时，到了第四天基本就自己睡了。童浩因此得到了四张笑脸。为了增强自我的力量，这次咨询师鼓励童浩编写自我鼓励的话语，如"今天我自己睡了，我真棒"，"今天听到声音，我打开了手电筒"，"别怕，什么都没有"，"我随时可以和妈妈通话"。通过这些积极的自我陈述，改变儿童负性的自我陈述，强化了儿童积极的行为。并且把这些积极的陈述和鼓励的话语贴在床头，随时进行自我强化。

第四次咨询时，童浩已经能够在自己的房间睡觉。通过木偶戏让童浩表演不同的入睡情境，当木偶害怕时，童浩主动给木偶示范应对的办法。咨询师最后还让童浩画出自己的最大收获，童浩画了一幅自己独立入睡的画面，而旁边是爸爸妈妈为他竖起了大拇指。另外咨询师还通过度假的游戏，引导童浩想象自己离开父母，离开家，在外面住宿的情境。所有这些起一个预防复发巩固疗效和扩大疗效的迁移的作用。实际生活中更多家长看到孩子的行为有了改变，就终止咨询或放松管理，往往容易前功尽弃。所以在咨询即将结束的时候别忘了预防复发和巩固疗效的问题。

最后需要强调指出的是，看似小的问题，实际上里面含着儿童成长过程需要面对的问题。因此咨询师要意识到通过这样的一个咨询过程，不仅仅是解决儿童眼前的问题，也要促进儿童全面成长，帮助他们适应未来更广阔的生活环境。

【本章小结】

儿童游戏治疗是以游戏作为媒介对儿童的心理和行为障碍进行矫正和治疗，促进儿童适应和发展的一种心理治疗理论和技术。儿童为中心的游戏主张给儿童创设一种温和、信任及完全自由的环境，让儿童在游戏中察觉自身存在的问题，发展自我力量。心理动力学取向的游戏治疗认为游戏为儿童提供了一条安全的情绪发泄途径，实现现实生活中不能实现的愿望和冲动，使心理得到补偿。认知行为学派的游戏治疗是通过游戏让儿童对自己和自己的人际关系以新的方式思考，学习新的应对策略。在实际的咨询中根据不同的问题、不同的咨询阶段灵活采用各种咨询技术方能实现最佳咨询效果。

【思考与练习】

1. 什么是游戏治疗？为何儿童要采用游戏治疗？

2. 儿童为中心学派游戏治疗的基本技术和基本原则是什么？

3. 试比较安娜·弗洛伊德和克莱因游戏治疗思想的异同？

4. 儿童认知行为游戏治疗的基本技术？

【阅读链接】

1. 梁培勇．（2011）．游戏治疗——理论与实务．北京：世界图书出版社．

2. （美）M. 查特尼克（Morton Chethik）著；高桦，闵容译．（2002）．儿童心理治疗技术：心理动力学策略．北京：中国轻工业出版社．

3. 冯观富、王大延、陈东升等．（2011）．儿童偏差行为的辅导与治疗．世界图书出版公司．

4. 卡杜森，谢福著，刘稚颖译．（2002）．儿童短程游戏心理治疗．北京：中国轻工业出版社．

5. 杰洛德·布兰岱尔著，林瑞堂译．（2004）．儿童故事治疗．台湾：张老师文化事业股份有限公司．

第七章　游戏治疗媒介和活动的使用

【本章学习提示】

游戏治疗屋是进行儿童心理咨询的最佳场所。在这一章中我们将介绍如何布置游戏治疗屋以及如何选择与使用游戏治疗媒介和活动。

【本章学习目标】

通过本章的学习，将实现以下学习目标：

- 游戏治疗屋
- 选择合适的游戏媒介和活动
- 如何使用游戏媒介和活动

第一节　游戏治疗屋

一、游戏治疗屋的基本环境要求和设施

游戏治疗屋最基本的环境要求包括：

首先，游戏治疗屋要隔音，防止噪声使儿童分心，同时也能让儿童相信

他们所说的话不会被别人听见。小屋最好还有个窗户，这能缓解儿童对封闭环境恐惧的感觉。

其次，房间应该是温暖和舒适的，同时要有足够活动的区域，能够进行各种活动和游戏。为了能让儿童完全沉浸在游戏中，所有布置要尽可能考虑到儿童的需要，如：儿童可以自由地走动、喝水；室内用具方便打扫；地面最好是塑胶的，部分地面要铺地毯，需要的时候儿童能很舒服地坐在地上。

最后，游戏治疗屋通常应该设置一个单向观察室以及录像和录音设备。通过单向观察玻璃可以观察儿童的表现，而不用打扰到儿童，也不让他们分心。使用单向观察玻璃除了可以观察儿童的活动外，它还有其他两个作用：（1）方便辅助咨询师的参与；（2）方便督导工作的进行。录像和录音的目的如下：（1）可以帮助儿童学习和练习新的行为；（2）可以帮助父母发现更有效的教育儿童的方法；（3）方便自我督导和专家督导。

二、游戏治疗屋玩具的摆设

（一）玩具摆设的清单

游戏治疗屋玩具的摆设可以分为玩具类，游戏工具和材料类，游戏道具以及各种牌类游戏等，具体内容如下：

玩具类包括：玩具橱柜、玩具脸盆、儿童桌与椅子、枕头、娃娃的房子、娃娃床、娃娃的婴儿车、布娃娃、玩具熊、娃娃衣服、塑料餐具和陶器、玩具电话、镜子、玩具车、购物篮、空的食物盒子、玩具钱等；

游戏工具和材料类：沙盘、橡皮泥、纸、蜡笔、毡笔、手指画、木偶、水、胶带、剪刀、彩纸和纸板、裁纸刀、发光物体、木栅栏等；

游戏道具：迷你动物和人物（农场动物、动物园动物、齐全的各种恐龙、迷你小雕像）；服装和各种装扮材料（珠宝、假发、剑和手袋、医生和护士、各种面具、书等）；

牌类游戏：纸牌、多米诺骨牌等。

（二）玩具摆设要求

游戏治疗屋玩具摆设的基本要求如下：

（1）游戏治疗屋应该很整洁，这样儿童就不会分心。尤其是对于那些容易分心和有注意缺陷的儿童来说更是这样。大部分的玩具都应该放在橱柜里收藏起来，并用号码标示，以便在咨询中使用。

（2）游戏治疗室的布置应当能让儿童自由活动，而不感觉拘束，最好能在房间里布置一个休息区。

（3）游戏治疗室应该在每次治疗中的布置要保持基本相同。这样儿童就能迅速进入新的会谈并且能很快地安静，同时有一种归属感，就好像儿童已经把这里当成自己的家。但是不一定要保持所有的部分都不变，主要保证上次会谈中重要玩具、材料等一致就可以。

第二节　如何选择游戏媒介和活动

我们使用游戏媒介是为了让儿童融入到治疗中来，讲述他们的故事。在选择游戏媒介时我们应该记住：儿童是不同的，媒介的功能也是不同的，要为不同的儿童找到适合他们的游戏媒介。一般来讲选择游戏媒介和活动时主要考虑的因素有：儿童的年龄、咨询的方式（个体咨询还是团体咨询）、咨询目标。

一、根据儿童不同的年龄选择游戏媒介和活动

下表列出了适合不同年龄儿童的游戏媒介。例如：假扮游戏特别适合于学前期的儿童，而不适合于青春期的儿童，因为青春期儿童认知趋于成熟，有能力进行抽象思维，缩微模型和象征物对他们比较有吸引力。性别通常不影响儿童对于游戏媒介和活动的选择，下面所列的各种游戏和活动对男孩和女孩都适合。有些儿童由于创伤经历或情绪问题表现出情绪性、社会性或认知性退化，再小点的儿童适合的游戏活动或媒介可能更适合他们。

不同年龄的合适的游戏媒介表

年龄　　媒介	学前期儿童 2~5 岁	小学儿童 6~10 岁	青春早期 11~13 岁	青春晚期 14~17 岁
书或故事	☆☆☆	☆☆☆	☆☆	☆
陶土	☆☆	☆☆☆	☆☆☆	☆☆☆
积木	☆☆☆	☆☆☆	☆	☆
画画	☆☆	☆☆☆	☆☆☆	☆☆☆
手指画	☆☆☆	☆☆☆	☆☆	☆☆
小游戏	☆☆	☆☆☆	☆☆☆	☆
想象之旅	☆	☆☆	☆☆☆	☆☆☆
假扮游戏	☆☆☆	☆☆☆	☆☆	☆
缩微动物	☆	☆☆☆	☆☆☆	☆☆☆
图画/拼贴画	☆☆	☆☆	☆☆☆	☆☆☆
木偶/毛绒玩具	☆☆☆	☆☆☆	☆☆	☆
沙盘	☆☆	☆☆☆	☆☆☆	☆☆☆
标志/小人像	☆☆	☆☆☆	☆☆☆	☆☆☆
工作表	☆	☆☆☆	☆☆☆	☆

注：最适合：☆☆☆；中等合适：☆☆；不太适合：☆

二、根据不同咨询形式选择游戏媒介和活动

下表列出了不同咨询形式适合选择的游戏媒介和活动。

在不同咨询情况下的合适媒介和活动表

媒介＼年龄	个体咨询	家庭咨询	团体咨询
书或故事	☆☆☆	☆	☆
陶土	☆☆☆	☆☆☆	☆☆☆
积木	☆☆☆	☆	☆☆
画画	☆☆☆	☆☆☆	☆☆☆
手指画	☆☆☆	☆☆	☆☆☆
小游戏	☆☆☆	☆☆	☆☆☆
想象之旅	☆☆☆	☆	☆
假扮游戏	☆☆☆	☆	☆☆
缩微动物模型	☆☆☆	☆	☆
图画/拼贴画	☆☆☆	☆	☆☆
木偶/毛绒玩具	☆☆☆	☆	☆☆☆
沙盘	☆☆☆	☆	☆
标志/小人像	☆☆☆	☆	☆
工作表	☆☆☆	☆	☆☆

注：最适合：☆☆☆；中等合适：☆☆；不太适合：☆

三、根据不同咨询目标选择游戏媒介和活动

（一）提高控制感的游戏

游戏为儿童提供了重新体验创伤事件的机会，但是与真实创伤经历不

同的是在游戏中儿童通过重现、扮演以及重新解释等过程对创伤事件产生新的领悟，通过想象进行由弱到强的角色转换，提高对创伤事件的掌控感。为了实现这一目的，儿童需要借助游戏媒介，在想象中尽量展现自己对整个事件的控制过程，体验自我的力量。这些角色可以是一些虚构的人物，这些人物赋予儿童超人的力量，帮助儿童解决眼前的困扰。例如：

（1）可以通过鼓励儿童改编故事，创造出自己喜欢的故事结局。

（2）通过画画或拼图再现儿童的创伤事件，以积极的自我替代以往弱小的自己。

（3）通过想象之旅儿童回到以往的重要生活经历中，在想象中他们可以充分表现积极正向的行为，以体现自己的控制感。

（4）在假扮游戏中，儿童可以扮演力量型的角色。

（5）儿童可以利用木偶/毛绒玩具和塑像类的玩具创造生活中的强者。

（6）沙盘能使儿童随心所欲，充分体验自我的力量。

（二）通过身体表现力量

当儿童体验到自己对环境的控制力时他们就会感觉到自己被赋予了能量。在咨询中我们可以选择合适的活动和媒介，让儿童能够控制和改变这些媒介和活动，或者扮演力量型角色获得积极的能量。例如：

（1）儿童可能使劲地压一块橡皮泥，把它压平。

（2）在画画、积木或沙盘中儿童可以随意改变他们的作品或毁掉这些作品。

（3）在假扮游戏里，儿童可以用一把玩具剑来攻击一个抱枕。

（4）可以扮演"善良"战胜"邪恶"的游戏。

（5）在沙盘任务中，儿童将物体埋在沙子里来除掉它们或把它们藏起来。

（三）鼓励情感的表达

我们已经讨论过鼓励和帮助儿童进行情绪表达的好处和重要性。有些媒介和活动可以更好地帮助儿童的情绪表达。例如：

（1）沙子可以用来促进愤怒、悲伤、害怕和担忧的表达。

（2）画画不仅可以让儿童表达自己建设性的想法，而且可以促进情绪表达。

（3）手指画可以让儿童产生愉快、欢欣和快乐的情绪。

（4）在手工制作时，儿童可能将材料的特性和情绪联系起来。

（四）提高问题解决的技能

在治疗中的儿童被要求做出选择，或经历一些挑战和改变的行为。合适的媒介包括：

（1）读书和讲故事，例如：故事中儿童可以设计说小红帽困住了大灰狼，这样儿童就可以救他们的奶奶。

（2）通过木偶、毛绒玩具和塑像等，儿童可以设计人物对话来解决问题。

（3）沙盘任务中儿童可以通过重新设计沙盘中的图案来满足不同的需要。

（4）工作表可以直接用来提高问题解决的技能。

（五）发展社会技能

儿童需要发展自己的社会技能，包括学习不同的与人相处的方法，这样儿童才能学会交朋友，得到他们的需要，变得自信，获得认同，懂得怎样表达自己的情绪，并学会与人合作。为了发展合适的社会技能，儿童需要懂得各种社会行为的后果。为了达到这一目的可以使用以下的技巧：

（1）讲故事可以发展儿童的交流技能。

（2）假扮游戏，可以帮助年龄较小的儿童学习社会技能。如在"娃娃家"的游戏中，扮演"妈妈"的幼儿会对"婴儿"表现出关怀与爱心；在医院游戏中，"医生"、"护士"等角色会对受伤的"病人"或者"老人"表现出同情与帮助。这些场景都可以使幼儿学会去关心、尊重、帮助他人。

（3）木偶和毛绒玩具可以帮助儿童学习和练习亲社会行为。

（4）工作表可以强化社会技能的学习。

（六）发展自我概念和自尊

我们发现无论是遭遇了麻烦事还是创伤，儿童的自我概念和自尊都会受到损害。为了发展儿童的自我概念和自尊，咨询师就应该选择那些能让儿童产生自尊和独立的活动和媒介。这些活动和媒介能够鼓励儿童们去探索，接受和评价他们自己的优缺点，比较合适的媒介和活动有：

（1）连环画成长的足迹，通过展现儿童成长历程，让儿童自己看到自己的进步。

（2）手指画的随意性和独特性为儿童提供了发展积极自我的空间。

（3）选择儿童擅长的手工，给儿童创造成功的机会。

（4）假扮游戏可以让儿童体验正面人物的力量，例如：一个领导者，或乐于助人的人，以此强化儿童的独特性。

（5）图画和拼贴画可以和手指画一样的作用。

（6）在工作表上列出能够强化积极自我概念的陈述。

第三节 如何使用游戏媒介和活动

一、如何使用缩微动物模型

（一）缩微动物模型的种类

儿童常见的玩具小动物有：海洋动物、森林动物、家养动物、动物园动物、恐龙、爬行动物（蛇、鳄鱼、蜥蜴）和昆虫（蜘蛛、蚱蜢）等。动物通常用塑料制成，包括各种类型：漂亮的和丑的，凶恶的和友好的，雄性的和雌性的，年长的和幼年的动物。恐龙是必须有的，因为儿童喜欢使用他们，特别是那些看起来有攻击性的恐龙。所有的动物应该都能独立站立，因站不起来的动物会让儿童感到挫败。通常游戏室的小动物数量是 50 个左右。

（二）缩微动物模型的作用

在游戏治疗中通过玩具小动物可以鼓励儿童说出自己的故事，通过这些帮助咨询师了解儿童的家庭关系、伙伴关系和师生关系等，归纳起来通过与玩具小动物有关的故事可以实现以下咨询目标：

（1）促进儿童了解过去、现在和未来与他人的关系。

（2）全面理解自己在家庭中的地位。

（3）说出对未来关系的恐惧。

（4）想象未来可能的关系。

（5）尝试人际困难的解决方法。

（三）使用缩微动物模型的适宜性

第一，小动物适合 7 岁以上的儿童，7 岁以下的儿童由于抽象思维和想象能力发展的有限性，通常只能直接描述动物，他们不会将自己的家庭关系和个人感受投射在小动物身上。

第二，小动物的主要功能是投射儿童个人的各种人际关系，因此小动物更适合个体心理咨询，不适合团体心理咨询。

第三，当儿童与玩具小动物游戏中出现情绪上的波动时，咨询师要及时关注儿童的需要，让儿童感到温暖和安全，这有助于儿童进一步开放自己的内心世界。

第四，咨询师要善于捕捉成长的机会，及时给儿童以指导和帮助。玩具小动物除了能鼓励儿童将自己深层的想法和感情投射在小动物身上外，它还能拓展儿童的思维和解决问题的方法。

（四）如何使用缩微动物模型

借助于缩微动物模型咨询师鼓励儿童关注他们生活中的重要关系，再结合讲故事帮助儿童明确主要问题，体验各种情绪。具体到实际应用中，咨询师首先要介绍小动物给儿童，让儿童知道他们既可以挑选自己最喜欢的动物，也可以挑选能代表自己的动物。儿童选择的动物不只是在外表上与自己相似（例如，一个又高又瘦的儿童选择了长颈鹿），重要的是让儿童选择那些在性格上与自己相似的动物。

在儿童选择了动物后，咨询师要求儿童描述他们选择的动物的特征，如，"能告诉我这头狮子故事吗？"或者"你觉得狮子怎么样？"如果儿童只描述了所选动物的大小和一些外表特征，那么咨询时需要鼓励儿童描述动物的性格特点。需要注意的是在咨询中咨询师要用"这个动物"或者直接称动物的名称"狮子"等，不能用儿童的名字来命名动物，也不能暗示这个动物就是儿童，即使这个动物特别像儿童，是用来代表儿童的。有时候儿童选择动物的想法可能与咨询师的想法并不相同，例如：有的儿童选择了黑豹，咨询师认为黑豹是极具攻击性的动物，但是儿童们可能认为黑豹是有力量而且友好的，并不具有攻击性。因此，咨询师应该注意别把自己对动物的想法投射到儿童身上。也要允许儿童选择多种动物，因为儿童可以用多个动物来代表自己不同的方面。

当所有的动物选好了后，儿童把动物都摆放在自己的面前，这一组动物代表他们的家庭。此时，咨询师就应该提醒儿童动物摆放的位置和顺序。有时，儿童可能对咨询师的要求不做任何反应。那么需要咨询师耐心启发儿童把动物排列好，形成一个图案。完成关系图后，咨询师便可以开始探索动物间的关系。例如，咨询师可以问这样的问题："我想知道在恐龙边上的那条狗感觉如何？"之后，咨询师可以接着问："在狗边上的恐龙要干些什么呢？"或"代表妈妈的马看到恐龙和狗在一起她的感觉怎么样？"特别注意的是，咨询师不能去移动动物，而应该要求儿童自己移动。通过这样的一种对话和沟通促进儿童对自己所讲故事的理解，增强对整个过程的控制感，加深对自己感受的了解。

从咨询技巧上讲，咨询师不能挑明儿童所选择的动物就是儿童的家庭，也不能使用家庭成员的名字。因为这样不利于儿童对于动物的特点、行为、想法和感觉的探索，阻碍儿童描述动物间关系。要保持整个过程的投射性，儿童可以把他们对于家庭的想法投射到小动物身上，并且可以自由地夸大和改变这种投射。通过投射，儿童可能触摸到由于害怕而被压抑的想法和信念。其他在常用的咨询技术有：观察、内容反应和情感反应、陈述性表达以及开放性提问等。例如：

（1）观察时，针对儿童的感觉进行反馈：咨询师可以说："我注意到你把猴子和山羊放在一起时看起来很高兴。"（情感反应）

（2）咨询师可以对观察到的重要事件进行反馈："我发现鸡离犀牛是最远的。"（内容反应，也是陈述性表达）

（3）为了促进儿童表达，咨询师可以问："当恐龙站在这个动物面前的时候，这个动物是什么感觉？"（开放性问题）

二、沙盘游戏的实施

（一）沙盘游戏的设施要求

首先，要有一间独立于其他分析室的专门用来进行沙盘游戏的房间，里面放置着沙盘、人或物的缩微模型、水罐等沙盘游戏的必需物品。

　　沙盘是一种特殊的装着沙子的供人在上面进行建造活动的盒子，一般被放在低矮的桌子上。常用的沙盘的大小为 57 厘米×72 厘米×7 厘米。它的底和边框被漆成蓝色，并且能防水，里面装的沙子大约是盒子高度的一半。一般沙盘游戏室中至少要配两个沙盘，一个装干沙，一个装湿沙，供来者自由选择。沙子要洗干净的，不能太细，因为太细的沙子容易被卷得到处都是。人或物的缩微模型则是一些能代表人、动物、植物或无生命物质的小的玩具，可以将它们陈列在靠墙摆放的一排架子上，可随意取用。这些缩微模型应种类丰富，能尽量满足各种需求，比如能代表各种文化，无论是东方文明、西方文明，还是历史人物、当今潮流，都应该有相应的模型能给予表现，甚至是一些史前文化的物品、想象中的动物等。另外，海陆空的各种交通工具也应包括在内。其中水罐的作用是装一些水，放在沙盘旁边随手可得的地方，以备需要将沙弄湿时用。

　　其次，还要备有数码相机，用以儿童走后将沙盘布景拍摄下来保存。这些照片记录了儿童在一段时期的咨询中摆出的一系列的沙盘布景，既可用于后面分析治疗的依据，同时也反映了儿童变化及咨询的效果。

　　最后，沙盘的大小要能让人目之所及，一眼看到全貌，这有利于集中和加强人的心理能量。沙子和蓝色的底及边框之间要留有具体的空间，以能挖的深度或建造的高度为标准。同时，提供的三维模型也必须是不需要什么技巧就能将其含义完全表现的，甚至连三岁的小孩都能用它们建造复杂、多维的场景。这些模型使得不同意义之间的区别和联系变得更加容易，还便于进一步将这种区别和联系带进意识领域中。

（二）沙盘游戏的作用

沙盘使儿童能够在一个设置好的区域里通过象征性的手法讲述他们的故事。通过讲故事，儿童在沙盘里或在自己想象中再现故事情境的过去、现在和未来，展开自己对未来想象的翅膀，探索所有的可能和表现自己的幻想。具体讲借助沙盘游戏可以实现以下咨询目标：

（1）面对装着光滑沙子的平盘，旁边站着值得信任的咨询师，儿童会不由自主地产生很多想象，各种各样人或物的模型，以及对沙子和水的感官经验，也刺激了无意识。沙盘给儿童提供了进入和表达无意识的方式，特别是那些儿童不能面对和接受的事情。

（2）在沙盘游戏中通过使用沙子、水和一些象征物给儿童提供了表达重要情感体验的途径。

（3）沙盘象征性地让儿童与他们的深层感受拉开距离，给儿童提供了以无威胁的方式再次上演问题的机会，有助于儿童对自我进行观察和反思。

（4）沙盘游戏给儿童改变结果的机会，发展了建设性解决问题的方法，增强了自我控制感。

（5）沙盘游戏给儿童以展望未来的机会。

（三）沙盘游戏的适宜性

首先，沙盘适合5岁以上的儿童，有些青少年和成人也能从沙盘游戏中获益。太小的儿童喜欢沙盘游戏，但是由于思维发展的局限性，他们还不能进行象征性的游戏、对话和故事，这影响沙盘游戏的疗效。

其次，沙盘游戏特别适合个别咨询。由于沙盘游戏给儿童提供了一个自由的、开放的和安全的环境，儿童可以尽情展开想象的翅膀，探索所有的可能，进行各种冒险，从而激活嵌在人类灵魂中自我治愈的潜能。

（四）如何进行沙盘游戏

由于沙盘的的触摸感和流动感，大部分儿童会很快地进入游戏。游戏的过程可以分为以下三个阶段：

开始阶段　游戏开始时咨询师让儿童自由地选择一些缩微模型在沙盘上塑造各种画面或场景，这种没有干预和具体指导的方式有助于咨询师了解儿童作画的方式和喜好，从而发现儿童的问题和困惑，然后根据不同的咨询目标展开下面的游戏。为了发现问题，期间需要观察的问题有：（1）注意儿童选择了什么象征物；（2）象征物的意义是什么；（3）注意那些被普遍使用和有普遍意义的材料，并思考它们之间的相关；（4）观察那些缩微模型在沙盘中的摆放位置，哪些是在沙盘中间，哪些又是在边缘。注意那些孤立的缩微模型、被埋的缩微模型、还有那些占显要位置的缩微模型；（5）注意那些空缺的地方；（6）观察儿童的活动，他们是自发的、犹豫的、有气无力的、攻击的，还是被迫的；（7）观察儿童选择缩微模型的方式，是仔细地挑选，还是随意拿来；（8）确认儿童故事的主题：滋养、抛弃或虐待等；（9）观察儿童故事中的不一致性。

探索阶段　在这个阶段咨询师要针对儿童展现的问题，给儿童以合适的指导。

例1：针对有关系问题的儿童，咨询师可以要求儿童制作一幅图画，其中包括他所认识的所有人，随着画面的展开，咨询师可以了解到各种关系的状况，特别是关系中的强弱、远近和边界。此外，咨询师应该注意到在图画中重要他人的缺失。之后内容反应和情感反应有助于提升儿童对于情境的意识水平，有助于关系问题的解决，如："在你作画的时候似乎非常小心翼翼"，"你的画面看起来非常拥挤"。

例2：针对有严重焦虑的儿童，咨询师可以启发儿童制作一幅自己最害怕的画面，也可以继续启发儿童哪些东西容易引发自己产生恐惧想象，将恐惧具体化有助于儿童象征性地消除恐惧，如：将恐惧的东西埋起来或扔掉。如果儿童仅仅是表达了自己的恐惧，而不能产生改变的动机，适当的时候咨询师可以给予指导和示范，如儿童只是讲小红帽路遇了大灰狼，而不再继续，咨询师可以启发儿童"猎人叔叔当时在哪里呀？""小红帽当时除了害怕，还想什么办法了吗？""如果我是小红帽，我会用沙子扬大灰狼的眼睛。"

例3：针对有创伤经历的儿童，重点探索他们对于创伤体验的想法和感受。咨询师可以请儿童通过沙盘描述一下儿时的画面，通过描述儿童体验到自己由于缺乏亲密和关怀而带来的痛苦，同时在咨询师的帮助下儿童能够找到让自己重获滋养的方法，如：虽然失去了妈妈的爱，但是自己生活里还有爱自己的爸爸、奶奶和姑姑等。在咨询师的帮助下儿童可能开始想象自己的过去、现在和未来。咨询师只是静静地观察、促进和理解这个过程，不要打断这个过程。由于沙盘的形象再现和咨询师的积极反馈，促进儿童对于自己整个经历的理解。例如：当你观察到开始儿童在自己房子的周围扎满篱笆，一会儿又在篱笆外周围种满了树，之后又在树的外面建起了护城河，很明显儿童的核心问题可能是安全问题，但是为了安全起见，咨询师的反馈要有所保留，仅仅根据观察进行陈述性反馈"我注意到你在房子周围扎了篱笆，种了树，还修了护城河。"通过这样循序渐进的方式，儿童的自我意识在逐渐增强。随着自我意识的增强，儿童可能会明确认识到自己的问题，并且愿意进行深入的探索。在儿童停顿间适当的时候也可以提问的方式促进儿童探索的深入发展，如当你看到儿童的画面中有很大的空地，你可以问儿童"能告诉我那里发生了什么吗？""它们看起来很强壮，你有感觉很强壮的时候吗？"

结束阶段　咨询师首先要判断何时需要终止沙盘制作，以下是一些咨询结束的信号：儿童自发终止了游戏；儿童的故事不能再深入了；已经到了规定的咨询时间。其次，整个咨询过程要善始善终，咨询师需要留给自己时间进行总结和检查儿童没有完成的工作，同时要确保儿童能够完成当前的作品和有时间拆除这些作品，或者在儿童走后由咨询师拆除，但是要提前告诉儿童下次来时这个作品不会在了。最后，需要特别注意的是不要当着儿童的面拆除作品，因为这会构成不必要的伤害。

三、儿童绘画治疗的实施

（一）儿童绘画治疗的基本设施

首先，儿童美术治疗室要干净、明亮、通风、舒适，有容易获得的水源；有书架和橱柜，以及提供足够的空间摆放各种材料和美术作品，还有画案，画室最好是独立的；另设一个有沙发和茶几等简单家具的空间，用于咨询师和儿童需要时进行对话和交流。

其次，绘画游戏治疗中常见的形式有画画、涂色、拼图以及手工制作等。画画所需材料有各种类型的笔（铅笔、水彩笔、毛笔、蜡笔、荧光笔）和各种颜色和尺码的画纸；涂色需要的材料有各种颜色的画质和涂料、刷子、水和塑胶围裙等；拼贴画需要的材料有胶棒（胶带）、剪刀、订书机、细绳以及粘贴台等；针对手工制作的不同，还需要准备各种手工辅料，如：塑料容器、盖子、旧的罐子、泡沫塑料包裹、火柴棍、牙膏盒子或硬纸板做成的管子等。

最后，构建安全的环境，通过游戏化的方式激发儿童的美术创作热情。环境的安全对儿童的创作至关重要。为儿童提供舒适的桌椅、创设相对独立的个人创作空间、建立自由而非竞争的创作氛围、与儿童建立起相互信任的治疗关系、无条件地接纳儿童的所有美术作品等，都为儿童自由创作创造了条件。但是，有些儿童可能因各种原因（如防御心理、自身发展水平的限制等），对材料以及创作活动存在不同程度的抵触，咨询师通常采用游戏来激发儿童的兴趣。

（二）绘画的作用

绘画可以帮助我们实现以下咨询目标：

首先，绘画为儿童提供了一个形象地表达自己的有效途径，特别是对于那些有言语障碍的儿童，他们可以通过直接的比喻，或者间接投射的方式讲述自己的故事。

其次，绘画有助于儿童表达压抑或受到伤害的情绪体验。国内外不少研究已表明，在处理情绪冲突、创伤等心理问题方面，由于人脑左半球运行的语言或言语功用有限，所以要用右半球运行艺术方式来处理，这是因为情绪和艺术同时由右半球控制。近十年西方不少研究证明，临床上绘画心理治疗在处理情绪问题方面起着突出作用。

最后，绘画治疗有助于儿童的自我效能感的增强，促进积极自我概念的发展。因为在绘画中他可以通过自己创造性的艺术想象，对自己的故事进行改编和创作，从而获得自我效能感。

(三)绘画的适宜性

手工制作、拼贴画和涂色适合学前儿童和小学生，画画适合青春期儿童。手指画是最能引发儿童开放、自由的表达，画画或涂色更具象征性和投射性，手工制作或拼贴画重在功能性的表达，而不是情绪性表达。手工制作和拼贴画也可以增强儿童对自身行为的探索和理解。以上这些媒介适合所有的个体咨询，其中画画和手指画也适合于团体和家庭咨询。

(四)如何进行绘画治疗

儿童绘画治疗通常也分为三个阶段：

开始阶段　治疗师一般采取口头鼓励、热身活动等方式，帮助当事人克服心理防御和阻抗，激发其美术创作，以进入治疗过程。有的孩子因为种种原因不能开始绘画，如：有的儿童没有自信、有的儿童担心负面评价、有的儿童只会模仿等，常用的热身小游戏，可以激发儿童绘画的兴趣和热情。

热身游戏一：咨询师可以在一张大纸上用彩笔在纸上画线条，并不时地改变线的方向，让儿童使用另一个颜色的彩笔，努力跟上咨询师。过一会儿停下来，咨询师指着图画问："我想知道我们在干什么？你看图上的东西像什么？"如果儿童没有任何答案，咨询师可以说出自己的想法。

热身游戏二：让儿童先在纸上乱涂乱画，然后咨询师用这些线条组成一幅画，例如，咨询师可能在儿童乱涂乱画的纸上，加上眼睛和胡须就组成了一只猫。

热身游戏三：如果上面的小游戏后，儿童还是很难进入自我绘画的阶段，那么咨询师可以尝试让儿童体会自己的感觉。如：咨询师可以这样对儿童讲"闭上你的眼睛，观察你的呼吸，注意你靠在椅子上后背的感觉，能告诉我这些感觉像什么吗？"然后请儿童画出刚才的感觉，也可以让儿童跳起来，摸天花板上的小球，同样再让他们画出刚才的感觉。在这些练习完成后，咨询师可以问儿童来咨询前他在干什么，他的感觉是什么，一旦儿童能够觉察和描述自己的感觉，这时就可以请儿童把这些感觉画出来。如：可以和儿童说"通过画画告诉我你的感觉"。这些热身游戏的目的是帮助儿童接触自己的感觉，并把这些感觉用绘画的方式表达出来。

热身游戏四：手指画由于其自由性和可接触性常被用于进行热身。儿童很容易开始尝试颜料在手指上流动的感觉，这时咨询师可以说"让我看看你能否用手指画出你的感觉"。

探索阶段　这个阶段的中心任务是促进儿童真实情感的表达。当儿童开始进入绘画尝试时，咨询师可以请儿童用手中的笔和纸画出自己生活中的各种人物，咨询师注意观察儿童生活中各种人物的关系，并通过陈述性的表达鼓励儿童谈论与重要他人的关系，如："我注意到这个物体和另一个物

体离的很远。"如果咨询师想帮助儿童更好地了解自己，常用的方法是让儿童
想象自己是一棵树并把它画下来，并对这棵树进行描述，如：树很高吗？开
花和结果了吗？有很多叶子吗？周围有其他树吗？通过这样的方式可以帮助
儿童进行自我探索。当然在这个阶段为了促进儿童的自我表达，咨询师也可
以尝试手指画、拼贴画和手工制作等。纸是儿童表达的唯一边界，手指画允
许儿童自由表达和展现自己的内心世界；拼贴画的制作可以促进儿童对自
我的描述由表及里地发展；手工制作可以促进我们了解儿童对于成败的态
度、延迟满足的能力和问题解决的技能等，此时咨询师陈述性的反馈有助于
提升儿童对自我的认识，如：咨询师可以说"我看到你一直都在辛勤的工作"
或者"我看到你很快就放弃了"。

　　结束阶段　当儿童的行为、情绪等有了明显改善后，治疗师一般用1～
2次会见来结束整个治疗。在此阶段，治疗师的主要任务是帮助儿童回顾整
个治疗历程，进一步巩固治疗成果。在治疗中，治疗师会采取各种方式来达
到此目的，如：鼓励儿童按创作顺序观看治疗过程中的所有作品，使其了解
成长历程，或通过创作来表达因治疗即将结束而产生的焦虑、沮丧等情感。

四、想象之旅

（一）想象之旅所需要的材料

　　进行想象之旅时儿童必须完全放松，因此需要一个没有外界干扰的安
静的房间，光线柔和，准备一个靠枕，这样儿童想坐就坐着，想躺就躺着，

特别是当儿童感到很脆弱时他就会躺下。因此想象旅行需要的材料有：安静的房间、抱枕、画纸和画笔等。

（二）想象之旅的作用

通过想象之旅可以实现以下咨询目标：

（1）想象之旅帮助儿童接触让自己痛苦和受到压抑的体验，也帮助儿童重新体验过去幸福和欢乐愉快的时光。通过与咨询师分享想象体验，儿童建设性地处理通过想象唤起的核心记忆，消化伴随记忆产生的情绪，理清混乱的思绪和信念，克服自己内心的痛苦。

（2）想象之旅给儿童提供一个获得对以往问题和事件掌控的机会，让儿童感到自己在事件中是积极主动的，而不是被动的和无助的旁观者。例如，有的儿童因为曾经目睹同伴受欺负，而自己却丢下同伴跑了，他因此可能会感到很内疚。通过想象体验儿童可以重新建构这个画面，在想象中他没有跑开，而是还去了欺负者或报告了老师。这样儿童便能体验到力量感和控制感，就会感觉好受得多。

（3）想象之旅可以帮助儿童完成未完成情结。针对过去的未完成情结，通过想象他们可做一些让自己获得完整感和满意感的事情。例如，本来想好了以后要多为妈妈分担一些家务，可是还没来得及表现，妈妈不幸去世了，自己感到很内疚和自责。在想象中儿童见到了妈妈，并对妈妈说了许多自己想说的话，这样就感觉好受多了。

（4）想象之旅可鼓励儿童讲述自己的故事，并促进儿童反省自己和他人的行为，以及以往事件发生的原因，并提供解决问题或尝试其他行为和做法的机会。

(三)想象之旅的适宜性

想象之旅不能用于有精神病倾向，或思维表现出脱离现实，缺乏时空感的儿童，自我能力低下的儿童也不适合运用想象之旅，也不建议对有创伤后分离症状的儿童运用想象之旅。想象之旅最适于青春早期或更大一些的儿童，当然一些小学儿童也能从中受益。

想象之旅的开放性和扩展性为儿童提供了表达私人空间和弥补个人缺陷的机会，因此它更适合个体咨询，不适于团体咨询。

想象之旅是一种比较有震撼力的技术，所以使用时要特别谨慎。只有在确实对儿童有帮助，或确信不会对儿童产生不良影响时使用。也只有经过严格训练和相当经验的咨询师方可使用该技术，新手咨询师必须在督导的严格指导下才能使用。

(四)如何指导儿童进行想象之旅

准备阶段　在想象之旅开始前先让儿童舒服地坐在或躺在靠枕上，然后告诉儿童："我们要开始我们的想象之旅，我会告诉你我看到的路边景色，然后你可以进行填补。"在正式开始前你要告诉儿童以下注意事项：(1)在想象中可以随时停止；(2)告诉咨询师喜欢用什么样的方式让咨询师知道自己想停止；(3)如果儿童不喜欢，可以忽略咨询师给予的任何信息，专注于自己想做的事情。

在指导儿童进行想象时语气要平静和缓慢，不要干扰儿童的注意力和破坏儿童放松的心境。每次指导要留有一定的时间，让儿童充分想象故事细节和完整体验想象的过程。

想象之旅 咨询师引导儿童进入想象之旅，通常先讲个故事梗概，勾画出旅途中大概的情景，让儿童根据自己的经验和想象填充其中的细节，给儿童提供一个投射自己内心世界的机会。下面是一个想象之旅的例子。

乡间农舍之旅开始想象旅行时，我们会说："你将要进行一次想象旅行——如果你愿意，你可以想象我和你一起旅行。如果你喜欢独自旅行，你也可以想象你自己独自旅行。如果你想闭眼睛，就闭上眼睛。"少许的停顿后，以缓慢柔和的语调说："想象你正沿着一条长长的公路走，路的两边全是大树。阳光温暖和煦，可以看见远处的农舍。想象你走近农舍并看到周围的花园，你穿过花园走到农舍前，门半开着[停顿]，推开门[停顿]，走进去。和外面的阳光比起来，屋里又阴又暗，过了好一会儿你才适应。当你能看清时你大吃一惊（屋里或者有人或者空空如也），想象你环视农舍和院子周围，摸一摸你想摸的东西，和你想说话的人说说话[停顿]。你想离开时，想象你走出屋门[停顿]，穿过花园回到公路[停顿]，沿着公路往回走[停顿]。现在停止你的想象[停顿]，注意你自己正坐在靠枕上。当你准备好再睁开眼睛，环视四周[停顿]。"接下来告诉儿童："现在我想让你画一幅你想象旅行的画，你可以画任一部分或全部的旅行。"在分析儿童的画之前，一定要注意给儿童足够的时间完成所有想象有关的画面。

探索儿童作品 儿童画完画后，咨询师可就画面和旅行提问，帮助儿童进行自我探索，如：你能对我讲讲你的画吗？在想象中的感觉像什么？沿着公路走的感觉是什么？站在院子里你想什么了？你愿意待着还是离开？你是否打算做一些与旅行中的行为不同的事？这次旅行是否让你想起了以前发生的一些事情？

疗效的产生　通过这些问题可以把想象和儿童的真实生活体验联系起来，促进儿童的自我表达。咨询师可以应用各种咨询技巧帮助儿童处理痛苦的想法、感受和担忧，利用这个机会改变儿童歪曲的记忆和挑战儿童自我毁灭的信念。随着互动的深入，儿童的记忆、情绪和幻想都会被激活，他们会自发地探索自己的内心，并在咨询师的帮助下克服自己的问题。

需要注意的是如果儿童不愿画画，咨询师不要勉为其难，可直接分析想象之旅。有时儿童可能也不愿意分享任何信息，很可能是因为他们觉得分享个人信息很不安全，此时咨询师要尊重他们不发言的权利，尝试消除儿童的不安全感。即使儿童不愿分享，想象之旅本身也会产生效果，有助于儿童心灵的成长。

五、书籍和故事

（一）使用书籍和故事进行咨询时所需的材料

儿童咨询室要有包含不同主题和情节的故事书，如：民间故事书《阿凡提的故事》、文学名著故事书《大人国和小人国》、生活故事书《平常的老太太》和《李子核》、历史故事书《中国历史故事》、谜语故事书《谁是大队长》以及动物故事书《小狐狸花背》、《麻雀和老鼠打官司》和《小鹌鹑》等。还需要有教育目的的书籍，如：《布奇乐乐园》系列教育读物。

编故事时还需要以下材料：大白纸、彩笔、有许多空格的练习册以及带麦克风的录音机。

（二）书和故事的作用

书和故事可以帮助我们实现以下咨询目标：

（1）与故事中人物产生共鸣，帮助儿童认识自己的焦虑和痛苦，并通过问题正常化减轻焦虑和痛苦，也减轻由于问题而产生的羞耻感。

（2）帮助儿童发现自己的问题和相关情绪，如儿童发现自己有恐惧孤独、恐惧背叛或过分为他人负责的倾向，随着自我意识的提升，儿童开始解决这些问题。

（3）帮助儿童表达愿望、希望和幻想，这对那些正在经受生活痛苦，并且为了避免现实痛苦而不讲实话的儿童特别有帮助。

（4）儿童通过故事改编思考和探索其他问题解决的办法。

（5）教育类书籍帮助孩子养成良好的行为习惯和正确的思维方式，增强儿童的社会认知能力和人际交往能力，促进健康人格的塑造。

（三）书和故事的适宜性

学前期到青春期儿童的心理咨询都可以借助于书和故事，但讲故事更适合年龄小的儿童，因为他们习惯于听故事，感到很舒服。

书和故事非常适于个体咨询和亲子咨询，它们有助于扩展儿童的思维，但一定要选择适合的故事主题和人物。

改编故事特别适合于富有创造性和语言能力强的儿童，但这种方法不适于缺乏创意和不善表达的儿童。

（四）怎样使用书籍和故事

　　如何给儿童讲故事　讲故事时要选择儿童熟悉易懂的，而且要贴近儿童当前生活的主题。合适的故事可以实现与儿童心灵的沟通。因为儿童故事中有人、动物、幻想的人物以及火车、火箭、钟表和花瓶等无生命的物体，在故事中作者赋予了这些人和物以人格、信念、思想、情感和行为。最重要的是，随着故事的展开，主题也在发展，问题就会出现，故事的主人公会表现出特有的思想、情感和行为。当儿童听故事时，他们会与故事的人物、主题或事件产生共鸣。在某种程度上，由于对故事中主人公的思想、情感和行为的兴趣使得他们能分享主人公的体验，并把自己的信念、思想和情感体验投射到主人公身上，通过这种投射儿童可舒缓自己的负性情绪。另外，在儿童听故事的过程中，咨询师也可以启发儿童思考不同的问题解决方案，通过这样的一些问题启发儿童会把故事的主题和事件与自己的生活联系起来，从而直接面对自己的问题。

　　如何启发儿童编故事　编故事通常需要咨询师先搭一个简单的框架，然后启发儿童展开自己的主题故事。儿童通常会把自己的观点投射到故事的人物和主题中。儿童也会把自己当作故事中的人物，会在故事中描述自己的生活事件。咨询师可以和儿童讲："今天我们要开始互相说故事，我先开始，开始一段后我就会停下来，希望你能接着讲下去"，需要告诉儿童故事要有开头、中间和结尾。咨询师也可以在一句话的中途停下来让儿童进行填充。当讲完一个完整的故事，咨询师可以就刚才的故事与儿童对话。对话主要围绕两个问题，一个是儿童认同的角色是什么？另一个是要针对儿童的问题进行提问，了解儿童自己解决问题的方式和新的选择，如"如果你是王子，你怎么办？"通过这样的对话促进儿童对自己问题的识别和改变。

咨询师也可以通过杂志上的照片或图片启发儿童讲故事。呈现给儿童一幅画或照片，请儿童讲讲画面上人或物的故事，提醒儿童故事要有开头、中间和结尾，故事可以短一些。

如何使用教育类书籍 通过教育类书籍儿童可以学习新的行为方式和新的观念。教育类书籍可以涉及生活的方方面面，如：如何保护自己、如何提高自理能力，如何和陌生人说"不"等。咨询师可以利用这些书籍帮助儿童学习指向未来的更适应的行为，咨询师需要教给儿童比他们习得的行为更适当的新行为。

六、小游戏

（一）小游戏所需的材料

咨询中适合的游戏可以分为三类：活动性游戏、益智类游戏和赌博小游戏。活动性游戏如：看谁动作快、进"客厅"、套藤圈、推球进圈、飞镖、多拉快跑等。另外，篮球和手球等身体冲撞水平较高的活动有助于消耗能量和减少愤怒；益智类游戏促进认知能力的发展，这类游戏有：跳棋、五子棋、七巧板、中国象棋、国际象棋以及猜谜等。

（二）小游戏的目的

游戏不仅有趣，而且有助于儿童心理、认知、情绪和社会性的发展。咨询中的小游戏有助于我们实现以下咨询目标：

(1)通过游戏鼓励由于害羞或其他原因不愿咨询的儿童参与咨询。游戏的轻松性和趣味性容易激发儿童愉快的情绪，减轻防御机制，与咨询师建立良好的咨访关系。

(2)游戏帮助儿童学会规则、约束和限制。游戏与自由玩耍不同，自由玩耍没有规则，但是在游戏中要受规则制约，通过规则的学习儿童了解到游戏的目的是什么、如何玩游戏、有什么限制以及游戏的结局。

(3)游戏能够很好地促进儿童自我的发展。在游戏中儿童必须面对输赢、欺骗、等待轮流、错失良机、遵守规则、面对失败和不公平以及出局等问题。

(4)游戏能够让儿童了解自己能力上的优势和不足。

(5)游戏让儿童学会与人沟通、交流和合作等社会技能，学会面对和解决人际冲突，增强问题解决的意识和能力。

(6)游戏可以增强儿童问题解决和决策能力。

(7)游戏促进儿童专注和坚持性的发展。

从发展的角度看，7～11岁的儿童通过比较自己与其他儿童的表现来评价自己的能力水平，这是很正常的。游戏中的竞争为儿童提供了一个评估自己能力的机会，这样，儿童就会认识到自己擅长什么，不擅长什么。应该注意，自我能力低下的儿童在竞争太强的游戏中会感受到威胁。在咨询中运用的游戏需要良好的友谊与合作。游戏活动需要重视的是儿童的个人技能而不是输赢。

儿童参与游戏活动需要的社交技能,包括冲动控制、应对挫折和接受游戏限制的行为能力。儿童需要注意、专心和坚持才能完成游戏。游戏也需要儿童具有一定的认知能力,因为许多游戏需要数字、计算和逻辑推理能力。

咨询师运用游戏可达到如下目的:

(1)与抗拒和不合作的儿童建立咨询关系。

(2)帮助儿童探索自己对约束和限制的反应。

(3)帮助儿童发现自己在精细与粗运动和/或视知觉方面的优势和不足。

(4)给儿童探索自己对任务的注意、专注和坚持性的机会。

(5)帮助儿童练习合作等社交技能以及对失望、灰心、失败和成功的反应。

(6)帮助儿童练习解决问题和做决策的能力。

(7)给儿童学习家庭暴力、性虐待和陌生人的危险性等具体问题和生活事件的机会。

(三)游戏的适宜性

游戏既可用于个体咨询,也可用于团体咨询,特别适合小学和初中学生。需要注意的是当儿童到了8岁左右时,会出现行为退行现象,难以遵守游戏规则。适于初中生的游戏要有一定的挑战性,需要有高水平的认知能力、社交能力和问题解决的能力。

(四)如何运用游戏

现在我们来看如何通过游戏达到上述目的:

建立良好的咨访关系 有些儿童由于害羞或抵触不愿参加咨询,象棋、跳棋、军旗、飞镖蛇和贪吃蛇等游戏有助于儿童参与咨询。游戏是有规定的，这种规定给儿童和咨询师提供了一个共同认可的界线和安全情境，因此儿童不会有威胁感，比较放松。有时游戏本身可能直接产生疗效，因为游戏过程中展示了儿童的内心，例如：在游戏中一个儿童由于害怕和担心犯错而表现得很抗拒，也不确信咨询会产生疗效。此时咨询师就可以通过陈述、内容反应和情感反应或者提问等咨询技术来促进儿童的觉察、反省和改变。如：咨询师看到儿童很担心失败，可以这样说："你有点怵这个游戏，有时候我也很怵。"或"当你做得不好时，你看起来有些焦虑。"通过陈述咨询师确认了儿童焦虑的情绪。为了促进儿童的改变，咨询师可以通过提问的方式促进儿童的思考，如"如果你输了会怎么样？""如果你赢了会怎么样？"通过一系列咨询技术促进儿童对自己想法和感受的觉察，增进儿童对咨询过程的参与水平。

约束与限制行为　　游戏有助于儿童学会约束与限制自己行为，学会满足他人的期望。游戏是有规则的，游戏规则会约束和限制儿童。游戏时儿童还需根据他人的期望行事（如，咨询师或其他组员）。因此游戏使儿童有机会面对、探索和克服由于游戏规则和他人期望引发的一些问题。如：一个依赖性较强的儿童，在游戏中可能会不停地要求帮助，咨询师可以以反问的方式促进儿童给出建议和解决问题的方法，并及时给予表扬。通过这样的方式促进儿童解决规则和限制引发的问题。在游戏中有的儿童用撒谎逃避因为失败而带来的痛苦，这样的行为不利于儿童处理痛苦体验。咨询师要鼓励儿童表达想赢的愿望和失败的现实，例如，咨询师可以这样说："我想知道如果你赢了会怎么样?""现在你输了你的感受如何?"通过这样的问题鼓励儿童表达自己的真实感受,而不是回避痛苦,这样才有助于问题的解决。但是需要注意的是对于4～6岁的儿童编造不真实的结果是一种正常的缓解焦虑的方式,因此咨询师要区别对待不同年龄的儿童,允许他们"撒谎"。另外咨询师还可以通过增加成功概率,降低失败风险的方法降低儿童撒谎的可能性,同时也鼓励儿童遵守规则,勇于承担风险。

识别优势和不足　活动类游戏可以分为精细运动游戏,如:捉猴子、拉提琴、解头绳儿和一些电脑游戏;大肌肉运动游戏,如:掷铁环、飞镖、篮球、手球、捉迷藏、跳房子和扳手腕等。涉及视知觉的游戏包括连连看、五子棋、大家来找茬、扑克等游戏。尽量选择儿童擅长的游戏,在游戏中咨询师及时给予反馈,让儿童了解自己的优势和不足,促进自我概念的发展,纠正自毁信念。

对任务的专注和坚持　在游戏中咨询师要通过指导、鼓励和积极强化等方式促进儿童对任务的专注性和坚持性。游戏中简单的轮流制就有助于儿童冲动的控制。对于缺乏自我控制的儿童可以通过行为塑造的技术帮助他学会自我控制,如可以和儿童说"你再坚持练习半个小时,我就带你出去玩",目标的可预期性有助于增强儿童对于当前任务的专注和坚持。

学会合作交流等社交技能,面对失败和挫折　游戏能让儿童评价自己的社交技能,并学习和练习新的社交技能。"杀人"游戏是一种适合初中生的多人游戏,游戏过程中需要多种社交技能,包括非语言交流、表达情感、适当的提问、提供信息、分享和合作等,还需要在失败和挫折面前控制情绪以及冷静沉着等心理素质。

练习解决问题和做决策的技能　各种赌博小游戏包含在一定情境中作选择和承担风险的技能。风险较高的游戏有助于儿童理解即使考虑得再周到，事物有时不会完全如你所愿。时事再现游戏有助于儿童学习理性应对的技能。在游戏中儿童告诉咨询师自己生活中的烦心事，然后让儿童思考他们当时的想法和做法以及现在可能的想法和做法，并让儿童仔细考虑这些新的想法和做法可能产生的结果，最终选择最佳方案，并在学校和家中付诸实践。

【本章小结】

游戏治疗屋环境的基本要求是隔音、舒适，需要配备录音/录像设备以及各种玩具和书籍等。选择游戏媒介和活动通常考虑的因素有年龄、咨询方式和咨询目标。儿童咨询与治疗常用的媒介和活动有缩微小动物、沙盘、绘画、故事、想象之旅以及各种小游戏等。在实际的咨询中需要根据各种媒介和活动适宜性及咨询目标进行选择和材料的准备，在游戏中及时利用各种参与性技术促进儿童对自己问题和情绪的表达、觉察，产生改变的动机和愿望，最后咨询师还需进一步通过影响性技术让儿童反思，并尝试新的思考方式和行为方式，向建设性的方向迈进。

【思考与练习】

1. 游戏治疗屋的基本环境要求和摆设有哪些？

2. 影响游戏媒介和活动选择的因素是什么？

3. 儿童咨询中常用的媒介和活动有哪些？如何利用这些媒介和活动展

开儿童心理咨询？

【阅读链接】

(澳)Kathryn Geldard & David Geldard . (2002). *Counseling Children*：A Practical Introduction. Australia：SAGE Publications.

第八章 家庭咨询背景下的儿童咨询

【本章学习提示】

这一章我们主要阐述儿童心理咨询中家庭咨询及其与个体咨询的整合。我们注意到在给儿童进行个体咨询时，儿童就可能暴露那些在家庭背景下难以启齿的问题，一旦儿童在个别会谈中说出自己的困扰，通常儿童就能够和家庭分享这些信息。因此将家庭咨询和个体咨询有机地结合在一起有助于咨询疗效的提高。本章将介绍家庭的概念，家庭对儿童认知和行为的影响，以及如何把个体咨询和家庭咨询整合在一起，使得儿童咨询更有效。

【本章学习目标】

通过本章的学习，将实现以下学习目标：

- 家庭对儿童认知与行为的影响
- 家庭咨询的价值
- 家庭咨询和个体咨询的整合

第一节　家庭是什么

　　针对儿童或青少年的咨询，传统方式通常有两种：一种是个体咨询；另一种是家庭咨询。一方面，一些家庭咨询师认为给儿童进行个体咨询效果不理想，因为常见的可能是家长病了，而我们在给孩子吃药。儿童往往是家庭的替罪羊，并因此受到指责和被认为是病态的；另一方面，一些给儿童进行个体咨询的咨询师认为，家庭咨询没有给儿童机会去表达自己十分私人的敏感的问题。实际上把个体咨询和家庭咨询整合在一起会更有效。因为在给儿童进行个体咨询时，儿童很可能暴露那些在家庭背景下难以暴露的信息。如果儿童在个别会谈中能说出自己的困扰，这会促进儿童在家庭咨询中分享这些信息。而单纯的家庭咨询，不利于发现问题，儿童的问题可能持续下去。

一、家庭是什么？

　　传统认为核心家庭是唯一适合养育儿童的家庭形式，这种观点正经历着巨大的改变。我们看到，许多儿童在单亲家庭、重组家庭或再婚家庭中，同样能健康成长。在一些文化背景下，几代同堂的大家庭特别有助于家庭系统功能的发挥。无论哪种家庭结构，都有以下共同特点。

(一)家庭是几代同堂，各司其职

一个家庭可能包括孩子、父母和祖父母，也可能包括姑姨叔舅、兄弟姊妹及其他与家庭成员有亲密关系的人。不同辈分的每一个家庭成员都通过自己的努力建设着我们的家庭。例如，在一些文化中，祖父母和家庭的其他年长成员在家庭中享有较高的威望，他们通常是智慧的化身，给家庭带来了稳定并奠定了家庭在社会的位置。儿童则为家庭带来了欢乐和活力，激励着成人肩负起养育儿童、照顾家庭的重任。父母和其他成人成为儿童的榜样。家庭中的每个成员都有自己的发展需要和发展任务，彼此相互促进，最终促进儿童顺利地成长和适应社会。

(二)家庭承载了儿童成年后的历史

儿童成长过程中会整合来自家庭的价值观、信念和态度。当成人后他们发现这些信念、态度和价值观尽管并不适应却难以改变，因为某种程度上这些已经变成了他们的一部分。另外，家庭给儿童带来的创伤会影响他们后来恰当地处理事务的能力。每个儿童成年后都会形成自己独特的价值观、信念和态度，也享有自己与家庭其他成年人互动的经历。但是这些价值观、信念、态度和经历都深深地含有家庭的烙印。

(三)家庭功能折射出成人的历史

家庭为儿童成长提供了基本的物质环境、生理环境和心理环境。它不仅影响儿童在以后生活中对世界的看法，而且影响他们迎接未来挑战的能力。家庭能否发挥正常功能取决于家庭中的成人。家庭的每个成年人都有自己的历史，这些历史不可避免地影响他们如何教育儿童，影响家庭如何走向发展和成熟，还影响家庭如何作为一个整体发挥作用。而家庭结构和功能的完整将影响儿童未来。

二、家庭对儿童的影响

　　家庭成员不是相互独立的，而是由相互影响的个体构成。父母的情绪会强烈地影响儿童的生活，因为儿童多数时间生活在家庭环境中。下图系统地说明了家庭对每位成员的影响过程。每个家庭成员的想法、行为和感知，都

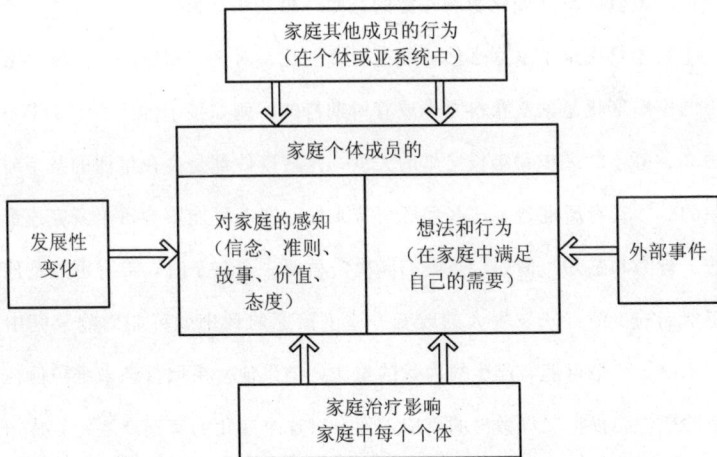

家庭对个体成员感知、想法和行为的影响图①

---

　　① 引自（澳）Kathryn Geldard & David Geldard. (2002). Counselling Children：A Practical Introduction. SAGE Publications

受到家庭其他成员的影响，也受家庭的发展变化和外部事件的影响，另外家庭咨询也会影响家庭成员的想法、行为及其对家庭的感知。

（一）家庭文化影响儿童的感知、想法和行为

每个儿童都会对自己所生活的家庭有所感知。这些对家庭的感知是以家庭的信念、规则、故事、价值、态度和文化影响为基础的，这些内容直接或间接的传递给儿童。例如，他们可能觉察到，自己家有一个重要规则即对家庭隐私保守秘密，或者是他们认为他们家应该尽量减少亲密的相处和身体的接触，继而他们会按照这样的感知来行动。

（二）家庭的发展变化影响儿童的感知、想法和行为

生活本身决定了家庭必然要经历很多变化。对许多家庭来说，大多数情况下的家庭变化是家庭意料之中或有所期待的。例如孩子的出生、十多岁时的独立、事业的进步和年长父母的去世，这些事件都是会在生活的某个时刻发生的。尽管有所准备，这些经历所带来的改变有可能影响每个家庭成员的想法、行为和感知。例如，当夫妇俩决定再要一个孩子时，很有可能是他们期望他们的生活方式发生大的改变。这个孩子的到来就可能影响家庭中的第一个孩子，他可能会产生被取代的想法，结果他会采取行动来维护他在家庭中的地位。根据父母做出的反应，他会对这个变化的家庭产生新的感知或理解。年长孩子的独立，会影响家庭其他没长大的孩子的认知、行为和对家庭的理解。同样，父母对老人是否孝顺，会深刻地影响儿童对家庭的感受、想法和行为。家庭需要面对挑战，迎接和处理家庭正常的发展变化，而如何处理这些挑战会不可避免地影响儿童的感知、想法和行为。

(三)外部事件影响家庭和儿童的感知、想法和行为

尽管有些事件的发生是家庭所期望而且是有所准备的，但也有许多事件是意料之外的。战争、丧失家园或国家、洪水、火灾和其他类似灾难，这些全球性的事件不是家庭所能控制的，而车祸、重病住院这样的个人事件一般也难以预料，无法有所准备。另外，儿童所经历的许多事件也不是他们能控制的，例如，搬家、转学和父母分离等。我们以上所讲的任何事件的发生都会影响儿童对家的感知、想法和行为。

(四)家庭与儿童的不良互动会强化儿童的问题行为

家庭与儿童的不良互动在不经意间强化了儿童的问题行为，常见的不良互动情况有：

• 父母希望保护孩子，阻止儿童谈过去痛苦的经历，以减轻他们的痛苦体验，结果儿童逐渐学会压抑自己的情绪。

• 当父母中的一方或双方会把孩子当作自己的替代品，让儿童完成家长的愿望和想法，阻碍儿童自我的正常发展，因此使儿童的行为变得被动和缺乏活力，也不利于发展负责任的行为。

• 如果父母的教育方式有问题，那么儿童必然会产生问题行为。

• 儿童在家庭中的想法和行为还和父母之外的其他成员有关。如，哥哥或姐姐欺负年龄小的孩子，让儿童觉得自己低人一等，并慢慢地发展出自我防卫的行为。

• 当儿童遭到欺负时不能从成人或家庭其他成员那里获得支持，儿童就会觉得孤独，因此会变得孤僻，不善于寻求帮助和支持。

以上与家庭交往的不良模式都可能会诱发或维持儿童的问题行为，并加剧问题的严重性。

(五)儿童在家庭中扮演的角色对儿童行为的影响

长期生活在家庭中，儿童会逐渐习惯扮演某种角色，围绕该角色儿童将习得相应的思维和行为模式。因此如果儿童在家庭中扮演的角色存在问题，将阻碍儿童发展出健康的行为。如：家庭允许儿童公开说出那些在家庭中被隐藏的感受吗？父母是否觉得是儿童拖累了整个家庭？在家里儿童可以为所欲为吗？例如，儿童亲眼目睹了家庭暴力，如果他深信家丑不可外扬，那么儿童会深深地压抑自己真实的感受。通常儿童会实践家庭中的潜规则，模仿家庭接受的行为，最终无法自由地表达自己的想法。因此儿童难以发展出积极的应对方式，来处理自己焦虑和压抑等负性情绪。

第二节　家庭咨询与个体咨询的整合

在儿童咨询中我们首先要了解儿童的问题是如何在家庭中发生，认识并且理解家庭中的行为和互动是如何强化或维持儿童的行为，明白家庭具备解决自己问题的资源，通过家庭咨询和个体治疗的有机结合，增加家庭成员和整个家庭的适应性。

一、家庭咨询的价值

（一）家庭互动引发改变

不管使用何种家庭咨询模式，家庭咨询都会影响每个家庭成员的感知、想法和行为。家庭咨询师通过某种治疗模式促进家庭成员去观察和理解自己现有的感知、想法和行为，这些感知、想法和行为涉及他们和家庭其他成员的关系，然后让他们用更有用的感知、想法和行为来取而代之。进而改变他们对自己的印象和对家庭其他成员的印象。这种改变可以发生在家庭咨询的会谈中，也可以发生在家庭成员的个体咨询会谈中，或发生在咨询会谈之间。通常的家庭互动过程是成员分享对家庭的看法、给予反馈、增进了解以及化解矛盾。

（二）成员分享对家庭的看法

家庭中的每位成员都可能以不同的方式看待自己和他们的家庭，好比每个家庭成员都有一个单视镜。如果想了解儿童的问题是如何在家庭背景下发生的，那么家庭成员就要了解其他成员是如何看待这个家庭的。家庭咨询的开始阶段，我们可以邀请每个成员，与整个家庭分享他们自己关于家庭和家庭是如何互动的看法，让每位成员看到他们各自对家庭看法的差异，认识到家庭中的某些互动模式有可能导致或维持儿童的不良行为。

接下来继续让家庭成员描述他们自己对家庭正在发生的事件的看法，鼓励他们将自己的观点告诉家庭其他成员，整个家庭就会了解到家庭其他成员是如何看待当前事件的。这样，每个家庭成员不再只从一个视角来看待问题，他们开始充满希望地从多个视角来分析问题。在这个过程中，家庭成员常常会不同意其他成员的看法，或重新评估自己最初的看法。这说明每个成员都在倾听其他成员对家庭的看法。

在最初个体咨询中，有些儿童对表达自己的问题显得很勉强，因为他们害怕泄露家庭秘密或者对家庭成员不忠。但是，当其他家庭成员在家庭咨询中公开谈论家庭时，儿童感到被授权，因此在后来的个体咨询中能自由地谈论。有时，家庭咨询也会提供给儿童一些有关家庭关系的新信息，这会有助于随后进行的个体咨询。

在家庭咨询会谈中，咨询师为了更好地加入到这个家庭，需要关注每个成员的观点。关注每个成员对家庭的看法，家庭成员就可能将咨询师看成一个独立的人，认为咨询师能够从每个成员的角度出发来看待事情。这样咨询师就避免在随后的个体咨询中出现儿童不信任的问题。通过这个过程，儿童不再感觉自己是替罪羊，积极主动地参与到咨询中，相信这个过程对他们是有帮助，并且他们从中获得了授权，感到自己和家庭其他成员是一样的。

当个体成员分享自己对家庭的看法时，咨询师就能够观察到他们的互动模式，并且了解到他们的家庭关系。另外，咨询师也会通过提供反馈来促进家庭成员多角度地看待家庭。

(三)给予反馈

咨询师对家庭成员及时进行反馈是有益的。反馈保持了咨询过程的透明度，而且家庭成员也会积极地接受咨询师的反馈。实际上每个家庭成员都期待了解他人的看法。咨询师在倾听了家庭的看法，观察了家庭互动模式后，形成了自己对家庭的看法。咨询师通过陈述给家庭提供反馈。由此，从咨询师的角度给成员提供了不同的看法。家庭成员可能接受，也可能反对这些新的看法，重新构建自己对家庭地看法。成员是接受还是反对并不重要，因为即使他们是反对，这个反对依旧能够促进他们完善自己的看法。我们应该鼓励家庭去讨论他们对反馈的看法，他们可以自由地改正或不同意咨询师那些不符合他们观点的看法。但他们要给其他成员解释他们是如何看待事情的，并且提出自己的不同意见。如果儿童得到允许去表达自己的不同意见，那么儿童就会受到特别的鼓励。反馈提供了来自于家庭系统之外的视角，并有助于修正家庭成员自己对家庭的看法。咨询师可以围绕以下几个方面进行反馈：

• 要强调每个家庭成员都已经尽力在做他们所能做到的最好的——他们的行为是对系统和环境的反应。

• 明确家庭的资源和优势。

• 评论每个家庭成员的优点。

• 对家庭的应对方式要给予积极的反馈。

• 对在家庭会谈中注意到的互动模式做出评论。

家庭会讨论咨询师的反馈，并做出反应，这有助于提高他们对家庭的认识。家庭成员间的反馈可以使家庭成员走得更近，促进分享，了解差异，为以后咨询会谈的深入奠定基础。

(四)增进了解

提高家庭对他们现有互动模式的认识，让他们试验并且体验新的互动模式，这给家庭提供了一个改变的机会。增进了解可以创造性的使用许多方法。创新性策略促进儿童参与咨询的积极性。通过交流和相互的反馈，家庭成员就会有机会表达自己对他人的观点，也有机会表达他们对现有关系的看法，并且说出他们希望有怎样的关系。

(五)化解矛盾

最重要的是，随着理解的加深，我们会鼓励家庭去寻求解决当前困难的方法。家庭咨询最终可以使每个成员获益，有助于他们进一步通过个体咨询探索他们的人际关系问题，解决个人问题，体验到成长和发展。

二、个体咨询和家庭咨询的整合模式

在儿童被带来接受咨询时，如果家庭也做好参与咨询的准备，那么应该先进行家庭会谈。因此儿童咨询中，通常从家庭咨询开始，然后进个别咨询，包括给儿童和其他成员的个体咨询。另外，我们也会对亚群体进行咨询会谈，例如，我们会给父母双方或父母中的一个和儿童，或给两个或多个孩子做咨询。个体咨询和亚群咨询及家庭咨询的整合模式见下图。

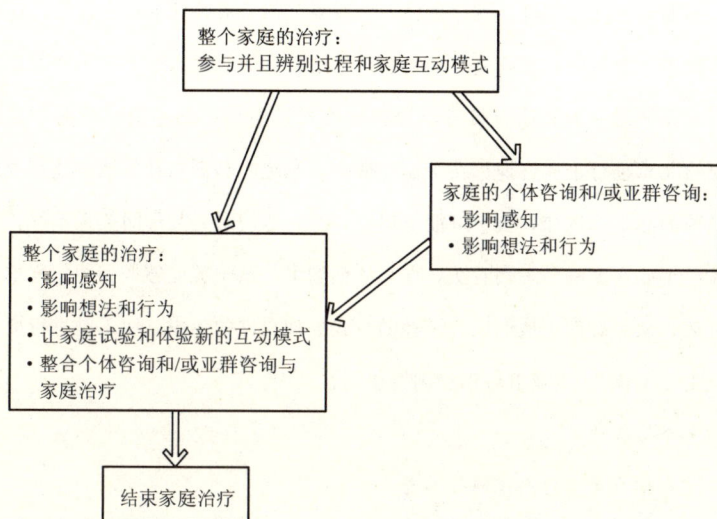

实践框架图①

正如上图所示，儿童咨询一般从家庭咨询开始，然后逐步确定如何选择最合适的咨询方式。通常咨询师会给那些已经确定有问题的儿童或有需要的其他成员进行个体咨询，也会提供亚群咨询。咨询师和家庭成员公开讨论如何选择咨询方案，以促进来访者的主动性和积极性。

（一）家庭成员的个体咨询和亚群体咨询

在家庭咨询中，随着整体知觉水平的提升，可能暴露家庭成员的具体问

---

① 引自 Kathryn Geldard & David Geldard. (2002). Counselling Children：A Practical Introduction. Australia：SAGE Publications，81

题。例如，家庭成员可能就会生气，憎恨某个孩子对姊妹的攻击行为。在整个家庭咨询会谈中，家庭成员可能会讨论这种行为对他人的影响。然而，儿童可能无法用一种其他成员可以理解的方式说明他们的感受或行为。这时需要给儿童进行个体咨询。在个体咨询中，儿童能够更加开放地讲述在家庭中经历的故事。例如，孩子可能很担忧，因为他们认为父母间关系不好，这使他们不能在家庭中发表看法。在个体咨询中，孩子就能够谈到他们害怕父母分离，从而有助于他们以建设性的方式处理自己的焦虑，而不是进行变相的攻击。个体和/或亚群咨询的内容包括：

- 个体咨询：
  - 针对成人的个人问题和行为
  - 针对儿童的个人问题和行为
- 父母/夫妇咨询：
  - 关系问题
  - 有关如何养育孩子（包括原生家庭的影响）
  - 有关如何处理孩子的问题
- 亚群体咨询：
  - 关系问题
  - 有关创伤的不良情绪反应

进行亚群或个体咨询的意义在于，在家庭咨询中，我们不能集中解决个体或亚群体的特定需要，因为我们需要保证让整个家庭参与进来。有时个体不能在家庭面前谈论敏感的个人问题，在整个家庭面前说出一些事情可能使他觉得不安全。例如，在典型家暴的情况下，儿童或父母一方太害怕了，以致不敢说出家里到底发生了什么事情。

（二）在家庭咨询中整合个体或亚群咨询

在给儿童做个体咨询或对家庭其他成员进行个体咨询或亚群咨询之后，我们会在更大的家庭系统中继续我们的工作。这样家庭就可以重新谈论儿童的问题，同时，谈论那些影响儿童情绪和心理状况的家庭问题。这个整合过程包括了整个家庭咨询，在家庭咨询中，个体或相关亚群可以分享那些在他们自己的咨询中所获得的适合分享的信息。一方面，有一些在个体或亚群咨询中所获得的信息是不适合在家庭咨询中分享的。所以我们要小心保守秘密，别把个体或亚群咨询中的信息传递给家庭其他成员；另一方面，我们会鼓励个体或家庭的亚群成员去分享那些他们愿意和整个家庭分享的信息。

在一些案例中，由于在个体咨询或亚群咨询中一些需要保密的不涉及整个家庭问题的出现，这时需要咨询师做些额外的工作，即只给父母与某个儿童或某亚群进行咨询，这包括让儿童和家庭其他成员一起来分享在个体或亚群咨询中衍生出的信息、信念和观点。例如，一个儿童在个体咨询中玩微型动物，谈到自己在再婚家庭中生活的不舒服。让父母清楚地知道导致儿童不舒服的原因是很重要的，父母知道这一点就可以帮助儿童使他在这个家庭中过得更舒服一些，但是这对家庭的其他成员来说却没有用。因此，更适合的方法是将儿童和父母整合在一起进行咨询。

对儿童或亚群进行咨询时，咨询师需要做好整合工作。之后需要鼓励家庭成员讨论在更广大的家庭体系中，分享哪些信息而保留哪些秘密。他们还要讨论分享信息有可能导致的结果是什么。有时，当咨询师只是起促进作用时，家庭成员会很愿意进行整合工作。这种情况下，咨询师需要让家庭成员去分享他们愿意分享的，并且清楚有一些是要保密的。有时，在家庭咨询中不必进行整合工作，因为，个体或亚群咨询之后，家庭成员在咨询会谈外自然就解决了问题。当把个体咨询和家庭咨询整合起来时，我们的目标通常集中在解决问题和确定需要作出的改变。

(三)集中注意在解决问题上

当咨询师作为一个促进者出现时，两种咨询方式的整合工作通常就可以开始。在这种情况下，咨询师要让家庭成员分享他们愿意分享的信息。这个分享过程的结果就是家庭和个体在咨询师的鼓励下开始了问题解决过程。这个过程中，咨询师需要创建一个尊重的氛围，要尊重每个家庭成员的感受、需要和作用。

我们常常发现，困难家庭所面临的深层问题通常是有关权力和亲密关系发生冲突的问题。解决的办法是让家庭成员感到自己的力量，同时也相信能够在家庭中满足他们的情感需要。

(四)确认家庭内在循环系统

我们将整个家庭和儿童个体整合在一起的一个重要原因就是：这和家庭循环系统的影响有关。如果单独给儿童做咨询，那么疗效将会受到限制。循环过程可见下图，例如，一个儿童最初感到受冷落，儿童就做出一些不良行为来引起注意。由于这样的不良行为，父母很生气并压抑住自己的感情。这使儿童更加感到受冷落。结果，儿童的不良行为越多，父母的回避行为也越多。这个就是一个循环过程，在这个过程中，每个行为都是以前行为的反应。因为这个循环过程不可避免的会发生，因此，让儿童的兄弟姊妹和父母去理解儿童现在的变化，包括了解儿童在个体治疗中所面临问题是有益的。显然，假如家庭中的其他成员继续使用他们熟悉的无助行为，由于这个循环过程，家庭中单个个体所做的变化将会受到限制。

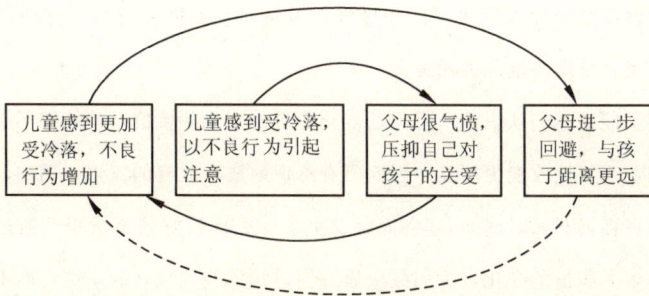

| 儿童感到更加受冷落，不良行为增加 | 儿童感到受冷落，以不良行为引起注意 | 父母很气愤，压抑自己对孩子的关爱 | 父母进一步回避，与孩子距离更远 |

家庭内部循环过程图 ①

通常家庭成员会有意或无意地阻抗变化的发生，即使他们认为这种变化是他们所希望的。对家庭来说，要让成员知道他们可能无意识地干扰或阻碍改变过程，这很重要。另外，家庭也需要知道，有时在儿童发生积极持续的改变之前，会经历一个遭受挫折和退缩的时期。提前告诉家庭，他们就能做好准备，并且能够认识到这是改变过程的一部分。整个家庭参与到咨询过程中，家庭的每个成员都有机会表达自己对改变的感受，这样他们就能积极

① 引自（奥）Kathryn Geldard & David Geldard. (2002). Counselling Children：A Practical Introduction. Australia：SAGE Publications，84

主动的参与其中。

(五)认识到变化可能发生在咨询会谈之间

参与咨询的家庭中的许多变化会发生在咨询会谈之间。因为在咨询会谈中，当成员的觉察水平提高时，他们对家庭成员的感知也会发生变化，同时也会讨论采取新行为的可能性。这些都可能引起会谈间行为的改变。意识到这种改变会增加成员改变的积极性。但是通常家庭会忽略了这些细微的变化，尤其是那些混乱的家庭。

为了能让他们认识到所发生的变化，看到变化的价值，并能够不懈地努力改变，需要让改变更明显。因此要有意识地放大改变的发生，例如，一个方法是在咨询开始时就问，"咨询后发生了什么比较好的事情吗？"通过假设已经发生了积极的变化，我们鼓励家庭去寻找那些比较好的事情，而不是把重点放在问题上面；另一个方法就是要询问这样的问题，"咨询后发生了什么好的或是坏的事情吗？"询问这个问题，给那些专注在问题上的家庭成员以机会去表达自己的观点，以促进这些观点整合到积极改变的大背景中。

在和比较小的儿童咨询时，一个特别有用的办法就是"刻度法"。例如，咨询师可能会问，"这个刻度是从一到十，一代表很不高兴，十代表很高兴，你家现在是什么样？"这个刻度板上，家庭成员分别在咨询开始前和结束后在上面标出他们所认为的家庭状态，并且说出对家庭的看法，以此来量化改变的发生。

另一个有用的办法就是寻找看到变化发生的目击者，这会帮助家庭巩固发生的变化。例如，可以提出这个问题，"有其他人注意到这个变化了吗?"想要了解改变是"怎样"发生的，也可以问，"你做了什么不同的事吗?"
或者"有其他人做了什么不同的事吗?"问这三个问题就会帮助家庭辨别发生
的变化，使他们认识到个体和家庭的好资源，这样就有助于他们的改变。

(六)孩子需要一些支持

有时儿童需要有别人的支持，这样他们就能够和家庭其他成员分享有
关的信息。尤其是对不能在父母面前清楚地表达自己的感受或需要的儿童，
这样做特别有用。例如上面的例子中，个体咨询之后，如果咨询师能首先总
结个人咨询会谈，儿童就能够更容易地与其他成员分享信息，相应的家庭就
能理解那个促使儿童达到现状的过程。咨询师作为儿童的支持者，首先很重
要的一点就是要花时间和儿童在一起，这样咨询师就能理解儿童的问题。接
着的重点就是要和儿童讨论在家庭中支持儿童的意义，并且说什么、怎样
说及何时说与儿童达成一致。这就使儿童对暴露自己私人或敏感信息的过
程有一定程度的掌控，保护儿童隐私。

(七)给予学校等其他相关机构相应的反馈

经过一段时间的治疗，儿童基本解决了自己的问题，这时咨询师将希望
在父母的允许下，能在更大的环境中进一步推进治疗，需要将儿童的进步反
馈给学校等相关机构。反馈不涉及儿童的隐私。在这些机构中，对儿童比较
重要的其他人能够理解儿童过去的行为，并且积极配合咨询师的工作，这对
儿童进一步的改变会有帮助。这种合作能使儿童愿意继续采取新的尝试，练
习新发展的适应环境的技能。

【本章小结】

家庭是几代同堂，各司其职，它承载着儿童成人后的历史，也折射出成年人的历史。家庭文化，家庭的发展变化，外部事件，家庭与孩子的互动以及儿童在家庭中扮演的角色对儿童的感知、认识和行为心理与行为都会产生的影响。家庭咨询中，促进改变的互动模式通常是：分享感受、给予反馈、提高认识和化解矛盾。实践中家庭咨询和个体咨询的整合模式通常是先从宏观的家庭咨询开始，然后进行个体或亚群咨询，最后在更大的范围内将家庭咨询和个体或亚群咨询整合起来，通过实现问题解决、明确家庭循环机制、发现变化、给予支持以及扩大改变产生的效应等过程，将个体和亚群咨询有机地整合在家庭咨询中，实现疗效最大化。

【思考与练习】

1. 家庭是什么？家庭的一般特点有哪些？

2. 家庭如何从各个方面来影响儿童的？

3. 家庭咨询的价值有哪些？家庭互动过程如何？

4. 简述个体咨询和家庭咨询整合的必要性和操作步骤。

【阅读链接】

1.(美)普劳特和布朗著，林丹华等译．(2002)．儿童青少年心理咨询与治疗．北京：中国轻工业出版社．

2.(澳)Kathryn Geldard & David Geldard．(2002)．*Counseling Children：A Practical Introduction*．Australia：SAGE Publications.